精准扶贫·食用菌栽培技术系列丛书

黑木耳高效栽培技术100问

徐全飞　编著

中国农业出版社

北　京

内容提要

本书作为："精准扶贫·食用菌栽培技术丛书"之一，作者以近年来在黑木耳栽培技术方面的实践经验和研究成果为主要内容，并参考了国内有关黑木耳栽培技术等有关方面的研究进展，详细介绍了黑木耳生长发育所需要的营养与环境条件，生活史及生殖特点，菌种制作扩繁，液体菌种生产，不同栽培模式与配套栽培技术操作要点，病虫害防治方法等。

本书内容新颖，实用性强，文字简练，通俗易懂。适用于食用菌生产者、农业技术员、生产管理经营者及相关专业人员，还可作为乡镇干部的培训教材，以及农村成人文化学校教材和农村青年的自学用书。

本书由山西省重点研发计划重点项目“黄土高原黑木耳露地栽培集成技术研究及产业化开发（项目编号：201703D211017）”资助出版。

精准扶贫·食用菌栽培技术系列丛书

编　委　会

序

中共十八大以来，党中央、国务院把贫困人口脱贫作为全面建成小康社会的主要任务，全面打响了精准脱贫的攻坚战。山西省地处我国中西部地区，贫困县有58个，其中国家级贫困县36个，省级贫困县22个，主要集中分布在西部吕梁山黄土残垣沟壑区、东部太行山干石山区和北部高寒冷凉区，这些地区共同特征是生态环境脆弱、产业发展滞后，长期处于深度贫困状态，脱贫攻坚的任务相当艰巨。

实现脱贫致富，要靠产业支撑。食用菌产业是实施精准脱贫的一项重要产业，贫困地区有可利用的大量的农作物副产品资源，如农作物秸秆、玉米芯、牛马粪、鸡粪等畜禽粪便等进行食用菌的生产，具有变废为宝、促进农业可持续发展的生态优势，是实现农业增效、农民增收的一个重要途径。

食用菌产业具有劳动密集的产业优势，发展食用菌生产不仅是调整农业生产结构、提高农业劳动生产率、吸纳农村剩余劳动力、实现高效种植模式的有效途径，而且是实施避灾农业的有效方式。在以山区、革命老区、易旱地区为共同特点的贫困地区大力发展食用菌产业，可以说是一举数得，不仅对进一步推动农业产业结构和农村经济结构的调整，充分利用贫困山区的农业资源，逐步改善农业生产条件和生态环境具有重要意义，而且对培育壮大以食用菌为主导的农业产业，大幅度增加农民收入等方面将产生积极的作用。

本套丛书把现代食用菌栽培技术应用于产业化精准扶贫的实践，其主要特点是适用性与实用性强，它以食用菌科技专家的科研成果和近年来的扶贫工作实践为基础，深入浅出地阐述了食用菌栽培技术的原理和方法，针对贫困地区食用菌生产企业和农户在食用菌生产中存在的疑难问题，采用问答形式，叙述简洁，通俗易懂，并配有相关图片，有助于提高贫困地区更多农户的食用菌科技素质，切实掌握食用菌栽培技术，增加食用菌生产综合效益，尽快实现脱贫致富。

本套丛书的编辑出版，我院潘保华研究员带领的食用菌专家团队付出了辛勤汗水，并得到了山西省科技厅等有关部门的大力支持，在此表示感谢。同时，也殷切希望相关单位工作人员以及广大农户对丛书的内容和技术需求提出宝贵意见，以便进一步改进和完善。

山西省农业科学院副院长 李晋陵

2017年10月

前　言

黑木耳是我国传统的大宗食用菌种类，近年来随着人民生活水平的提高和对黑木耳保健作用的认识，黑木耳作为具有特殊保健功能的黑色食品在大中城市的市场销售量增长迅速。黑木耳既是美味可口的大众化食品，又是营养丰富的滋补食品，具有很高的食用和药用价值。黑木耳属胶质食品，滑嫩爽口，清脆鲜美，含有人体中必需的钙、磷、铁等多种矿质元素，每百克黑木耳中，含蛋白质 10.4 克、氨基酸 7.9 克、糖 22.8 克。常吃黑木耳能清洁食道，净化气管，是预防食道癌等恶性肿瘤的佳品，对支气管炎、气管炎、肺气肿有独特的疗效，具有清肺益气、补血活血等功效，常用于治疗肠痛、痢疾、痔疮、崩漏及产后虚弱等药物配方。常食用黑木耳可降低血脂、降低血压、预防心脏冠状动脉硬化等疾病，能抑制癌细胞扩散，清除人体内呼吸及消化系统积累的脏物。因此，黑木耳是嗜烟者及纺织、理发、制革、采矿、教师等行业易患呼吸道疾病工作者必不可少的保健食品。黑木耳具有抗癌和降血脂的功效。日本已从黑木耳中提炼出抗癌物质，制成为“抗癌保健液”投放市场，潜力巨大。目前我国已利用黑木耳制成“脑脉康”用于治疗心脑血管疾病；制成“东方圣膏”用于治疗外疮。

黑木耳是我国的一个传统出口商品，在国际市场上具有较强的竞争力。黑木耳产品以干制为主，便于贮存运输，市场优势明显。黑木耳国内外市场价格相对平稳，是人们喜爱的美味佳品，这些都保证了黑木耳产业的发展。

本书以问答的形式，介绍了黑木耳的发展史和栽培现状，在理论联系实际的基础上，从黑木耳的营养保健价值、生物学特性、制种技术、栽培技术以及病虫害防治等方面有针对性地提出了一些在黑木耳研究、生产中经常遇到的问题，根据作者多年来研究工作的成果，同时也参阅了大量的有关食用菌方面的书籍或文章，以通俗易懂的语言，对每一个问题做了较为全面、系统地回答，希望能够给食用菌产业相关人员提供一些有益的帮助。

由于作者水平有限，书中的某些论述或观点可能有不尽与不完善的缺憾，希望各界同仁和广大读者对不当之处提出批评指正。

徐全飞

目　录

1. 黑木耳市场销售及发展前景如何?

自古以来，我国人民就有食用黑木耳的传统，也是黑木耳的主要消费大国，从国内消费市场来看，随着我国人民生活水平和保健意识的不断提高，黑木耳产品受到人们的普遍欢迎。黑木耳干品国内销售价一般稳定在 60～80 元/千克，市场相对平稳，产品以干制为主，黑木耳的消费量呈现阶梯式迅速增长的态势。黑木耳也是我国传统的出口商品，在国际市场上具有竞争优势的农产品之一，在国际市场上具有较强的竞争力。据有关部门对我国黑木耳产品出口情况以及国外对黑木耳产品消费需求的动态分析，我国黑木耳产品出口量预计仍会继续保持增长的态势，黑木耳等食用菌产品主要出口到日本、韩国及东南亚地区，欧美市场也将成为我国黑木耳产品出口的主要目标，全球黑木耳消费市场潜力巨大。

黑木耳产品市场销售的旺盛进一步推动了生产规模的扩大。目前，我国黑木耳年产量为 300 万吨左右，主要产区在黑龙江、辽宁、吉林，陕西、四川、湖北等省份的黑木耳生产也有一定规模。近年来，在我国实施产业精准扶贫战略及深化农产品供给侧结构性改革和转变增长方式需求的推动下，黑木耳产业所具有的投资少、技术成熟、生产场所可因地制宜选择、收效快等比较优势，黑木耳生产在内蒙古、山西、河南、广西、云南、贵州等省份也快速发展起来，为农民增收、农业增效和脱贫攻坚作出了积极贡献。目前，我国黑木耳产业已初步形成干品、深加工食品、医药保健品等多种产品，涉及农业、林业、生物产业、食品工业、制药等多个领域。进入 21 世纪，危害人类健康的问题不是饥饿和营养不良，而是由于经济富有、食物富裕、体力活动减少而带来的慢性疾病，如心血管、高血压、糖尿病等，而黑木耳等食用菌，因对人体有保健功效而备受青睐，国内外市场对黑木耳产品的需求不断上升。整体来讲，我国黑木耳市场正逐步趋向生产与市场消费配套发展，黑木耳产业将发展成为集生产、加工、销售、服务、文化于一体的产业集群，黑木耳生产与餐饮、药品生产、保健品加工业对接，黑木耳产业园和“木耳小镇”观光旅游、科普文化的对接等市场消费前景持续看好。

2. 欠发达地区发展黑木耳生产有哪些有利条件？

近年来，随着我国黑木耳生产规模的不断扩大，在一些地区原材料供应紧缺、劳动力成本上涨等方面制约黑木耳产业发展的因素逐步凸显，但是，这些制约和影响因素相对来讲却成为欠发达地区黑木耳产业发展的有利条件。概括来讲，欠发达地区发展黑木耳产业具有以下几个有利条件：

一是资源优势。欠发达地区大部分处在边远山区，有大量可用来栽培黑木耳的基质，如间伐后不能用材的阔叶树枝条、果树修剪后的枝条以及废弃的木屑等，可以因地制宜、就地取材，为欠发达地区发展黑木耳产业提供了丰富多样且价格低廉的栽培原料。

二是环境优势。欠发达山区气候冷凉，昼夜温差大，平均气温较平原地区低，非常适宜黑木耳的生长发育。同时，山区基本上没有工业污染，大气环境好、水质优良，可生产出高品质的黑木耳。

三是成本优势。黑木耳产业具有劳动密集型特征，欠发达地区拥有低廉的劳动力资源，劳动力成本较低。此外，欠发达地区的山区一些废弃的厂房、校舍、窑洞等闲置设施可利用作为培养黑木耳菌棒的设施，山坡林地可以用作露地栽培黑木耳的场地，有利于降低建设和生产成本，增强黑木耳产品在市场上的竞争力。

四是政策优势。黑木耳产业具有劳动密集的行业优势，发展黑木耳生产不仅是调整农业生产结构，提高农业劳动生产率，吸纳农村剩余劳动力，实现高效种植模式的有效途径，而且是实施避灾农业的有效方式，在以山区、革命老区、易旱地区为共同特点的欠发达地区大力发展黑木耳生产，可以说是一举数得，不仅对进一步推动农业产业结构和农村经济结构的调整，充分利用欠发达地区山区的农业资源，逐步改善农业生产条件和生态环境具有重要意义，而且对培育壮大以黑木耳为主导的农业产业，大幅度增加农民收入等方面将产生积极的作用，大力发展黑木耳生产符合国家的产业政策。因此，近年来，我国一些地区的各级地方政府制定了通过发展黑木耳产业实现精准扶贫的政策，并投入了大量的资金，通过扶持龙头企业，对菇农给予补贴，聘请专业技术人员进行现场指导和技术培训等，进一步完善和健全了黑木耳产业发展中的保障机制，具有明显的政策优势。

3. 欠发达地区如何组织农户进行黑木耳生产？农户怎样参与黑木耳生产？

黑木耳生产是欠发达地区大力发展特色农业产业的项目之一，通过发展黑木耳产业使农业增效、农民增收，是实现精准脱贫的一个重要途径，对促进农村经济的全面发展具有重要的作用。在欠发达地区组织黑木耳生产时，一定要因地制宜，按照“政府引导、资金扶持、技术示范、市场运作”的产业发展思路，以黑木耳栽培技术为先导，以龙头企业为主体，以农民增收为目标，以规模化、产业化、标准化为手段，稳步推进黑木耳产业的发展。具体来讲，在欠发达地区组织黑木耳生产中应做好以下几方面的工作：

一是坚持政府引导、资金扶持的原则。各级政府应加强在黑木耳产业发展规划、政策扶持、投资环境优化等方面的作用，吸引社会资金投入到黑木耳产业发展中。

二是坚持市场导向、追求效益的原则。以满足市场需求、生产高品质的黑木耳产品为出发点，对每项技术措施进行细致的成本核算，精细管理，追求黑木耳产业效益的最大化。

三是坚持科技创新、体制创新的原则。充分发挥科技在黑木耳产业中的作用，引进先进的栽培、管理、销售技术，提升产业水平。通过发展龙头企业、合作社和农户等多种形式的经济实体，以“企业＋基地＋合作社＋农户”等模式带动和促进黑木耳产业健康的发展。

四是坚持分步实施、有序发展的原则。根据不同乡（镇）村的区位、资源、经济等条件，对每个村进行因地制宜，制定科学、合理、有效的黑木耳产业发展规划，具体措施要符合当地实际情况，避免盲目无序发展。

五是坚持量力而行，尽力而为的原则。要结合当地的实际情况，根据农户的实际生产能力、经营能力和生活习惯，农户自愿参与，不劳民伤财。

农户怎样参与黑木耳的生产？首先要根据自家劳动力数量，经济基础和可利用的设施确定参与程度和生产规模。最简单有效的方法是以“企业＋基地＋合作社＋农户”的模式。农户可以直接通过从龙头企业提供的培养成熟的菌棒，在自家房前屋后能够喷上水的地方进行地栽出耳管理，既不用投资新建大棚等设施，又省去菌种制作、菌棒制作的投资及技术风险。黑木耳出耳阶段周期短，从菌棒下地开始催耳到出耳一般只需15～25天，黑木耳出耳技术一般经过实地培训后能够正确掌握，即使农户家中的青壮年外出务工，留守在家的妇女、老人也可以进行黑木耳出耳管理，采摘的黑木耳只需晒干即可，每个菌棒可采摘木耳干品

50克左右，每个菌棒农户可以获得1元左右的收入。

4. 黑木耳菌棒生产需要哪些设施？如何布局？具体要求有哪些？

黑木耳菌棒生产车间应选择光照充足、通风好、水电及交通方便、地势开阔且干燥的场地，远离养殖场、城市污物、污水处理厂等周边环境存在潜在污染的区域。

黑木耳菌棒生产工艺流程一般包括栽培原材料贮备，培养料配制，装袋，灭菌，冷却，接种，培养，贮藏等。菌棒生产应筹建原辅料仓库、原料处理场地、装袋车间、灭菌仓、冷却间、接种室、培养室及贮藏室等基本设施。生产车间应根据菌棒生产工艺流程进行合理布局，将原料储存库、拌料场地、装袋车间、灭菌仓与冷却间、接种室和菌棒培养室隔离，避免杂菌污染。具体要求如下：

原辅料仓库：黑木耳生产主要原材料包括木屑、麦麸、豆粉等，易受潮发霉发酵或滋生害虫，因此原材料库房必须要保持环境卫生且通风干燥，应靠近拌料场地搭建成半敞棚式原料库，既取用方便，又能防止原料日晒、雨淋。

原料处理拌料场地：原料处理场地主要供培养料过筛、预湿、拌料等。因此，地面必须坚实平整，铺设水泥地面，配备拌料槽、拌料机、磅秤等拌料配备工具，场地大小根据原料数量而定。

装袋车间：场地地面应平整光滑，安装装袋机生产线、窝口机、传送带等。

灭菌仓：是用来采用常压或高压蒸汽灭菌菌棒的灭菌柜，常压或高压蒸气锅炉安装在室外，锅炉产生的蒸汽通过管道输送到灭菌仓内对菌棒进行蒸汽灭菌。

冷却间：用于冷却经常压或高压蒸气灭菌后的菌棒，地面和墙壁要求平滑，便于清洗消毒。

接种室：标准的接种室分为里外两间，里间为接种间，又称无菌室或接菌室，外间为缓冲间，约2米^{2}左右。接种室要求比较高，室内地面、墙壁、顶棚要平整光滑，以便于冲洗和消毒。门窗要关闭，不要留缝隙。否则，外边空气中含有的各种杂菌就易随空气的流动进入室内。进入房间的门不要正对着进入接种室的门，以免开启时产生空气对流，而且，接种室的门最好是推拉式的。通气窗应设在接种室门口顶棚上，孔口用数层纱布遮住，或者是安装空气过滤器，接种室和缓冲间顶棚中央最好各安有紫外线灯和日光灯，缓冲间内要设有洗手处，并备有专用的工作服、鞋、帽、口罩，以及喷雾器和消毒药剂。接种室内应有工作台及常用工具和药剂，如酒精灯、酒精（75％、95％以上）、接种工具、脱脂棉、火柴或打火机、废物篓等，此外，在里间还可放置接种箱或超净工作台。接种箱可以自己用木材和玻璃加工制作，具体要求是：接种箱内顶部安装紫外线灯和日光灯各一盏，箱的正面或背面两个口装有布套，类似于袖套，操作人员双手由此伸入操作，两个口外要设有推门，不操作时可以关闭。箱内一般只放置酒精灯、酒精棉球、打火机和常用接种工具，其他物品待接种前才放入。超净工作台是利用空气洁净技术使工作台内操作区成为一种相对的无菌状态，它的优点是操作时比在接种箱内方便灵活，因而能极大地提高工作效率，但它的造价较高，需向厂家或经销商购买。

培养室：为了满足菌丝生长发育对环境条件的需要，培养室要有较好的保温性能，门窗应能关闭紧密，墙壁要厚，寒冷地区可做成双层门窗和夹墙。培养室的室内设置简单，主要有培养架、加热设备、换气扇，有条件的还可安装空调，干湿温度计要吊在培养架上距地面1.2～1.5米处。黑木耳菌丝的生长不需要光线，因此培养室可不开窗，如果开窗时窗帘最好用黑布做成，菌棒培养时拉住窗帘进行遮光培养。

储藏室：用于短期存放已培养好，但暂时不能出耳的菌棒，可以根据生产需要设置，储藏菌棒，要求环境黑暗、干净、通风、凉爽，最好有冷藏设备，才能保证菌棒的储藏时间和质量。

5. 黑木耳生产主要有哪几种栽培模式？

黑木耳生产主要有段木栽培和代料栽培两种模式，段木栽培是在适合黑木耳生长的树木砍伐成1～1.2米的段木后上接种黑木耳菌种，发好菌后给予适当的环境条件进行出耳管理；代料栽培是指利用木屑等农林副产品代替段木，以塑料袋为容器栽培黑木耳的技术。代料栽培又分为地栽、林果蔗园套种、立体串袋栽培和大棚吊袋栽培等模式。

6. 黑木耳段木栽培和代料栽培各有哪些优缺点？

黑木耳段木栽培是可根据当地的树木资源状况选择适宜的树种，砍伐后截成1～1.2米的段木，接上黑木耳菌种后进行培养出耳管理。其优点是投资小，不需要大型的设备及设施投入，技术简单，黑木耳口感好、品质佳，但生产周期长，产量较低。黑木耳段木栽培的最大缺点是不能大规模栽培，因为对树木的砍伐必须在林业部门的批复同意下进行树木的间伐，在不影响森林植被的前提下才行，否则，将对林地造成破坏性的影响，因此，如大规模生产黑木耳，不采用段木栽培。但是，黑木耳段木栽培作为一种栽培模式在本书的87～97问中仍然对其栽培技术进行了阐述，主要是为了帮助欠发达地区山区的农户在资金不足和森林资源相对丰富的情况下，进行一些小规模的黑木耳段木栽培，一方面农户通过黑木耳段木栽培能获得一定的收益，另一方面，在林业部门的批复同意下进行树木的间伐也有利于森林生态系统的更新。

黑木耳代料栽培是以塑料袋为外包装，以木屑为主要原材料，经过灭菌、接种、菌丝体培养后成为成熟的菌棒摆在田间、林地、玉米行间、菜园、果园等进行出耳的技术。该项技术改变了以往段木栽培生产黑木耳的历史，使黑木耳栽培从依靠间伐树木转变为利用废弃的林木等农林副产品作栽培原料，从主要在林区栽培转变为在大田、空闲地等，丰富了黑木耳栽培的基质，拓宽了栽培区域，缩短了生产周期，有利于实现黑木耳栽培的标准化、规模化、机械化生产，极大地提升了黑木耳的产业化水平。

7. 黑木耳栽培生产对环境条件有什么要求？

黑木耳栽培生产对环境条件有较严格的要求，环境条件包括温度、湿度和水分、光照、通风等。

(1) 温度 黑木耳属于中低温型菌类，具有耐寒、怕热、对温度敏感的特性。温度是影响黑木耳菌丝生长、耳基分化、出耳质量和产量的主要因素。在自然条件下，黑木耳菌丝体能耐受－40℃的严冬，而30℃以上的酷暑对其生长发育十分不利。

黑木耳出耳时需要一定的温差刺激，这种特性也叫变温结实性。在黑木耳出耳阶段，至少需要5℃以上的温差刺激。黑木耳在15～32℃条件下均能出耳，最适出耳温度为20～25℃。温度低于10℃，子实体不易形成；温度高于30℃，分化受到抑制。黑木耳出耳后在适宜生长的温度范围内，温度越高生长越快，长出的耳片颜色较淡、肉质较薄；温度越低生长越缓慢，形成的耳片颜色较黑、肉质较厚。总体而言，春耳和秋耳比伏耳品质好。

（2）湿度和水分 黑木耳是喜湿性菌类。湿度和水分是黑木耳生长发育的基本条件，也是黑木耳优质高产的重要条件之一。黑木耳在不同生长发育阶段，对湿度和水分的要求不同。菌丝体生长阶段要求环境相对湿度为 60%～70%，菌棒培养料含水量为 55%～65%。水分过多，易造成水分积累于袋的底部，使菌丝生长迟缓或不能生长到底，且通气不良，也易造成菌丝无氧呼吸使栽培料变酸。培养料含水量过少，接种后菌丝体恢复慢，不易成活。如水分过少，在母种转原种培养料时，会造成母种不萌发、不成活；原种扩繁时，接种后栽培种不成活，或成活后菌丝生长纤细、颜色发灰、菌棒轻、出芽缓慢造成减产。催芽阶段，菌棒开口后 1 周左右，不喷水仅保持地面湿润，空气相对湿度保持 70%左右为最适。湿度过高，通气不良易感染杂菌，造成催芽失败；湿度过低，菌棒开口处易风干，不易促进子实体分化。耳基形成和耳片生长阶段，空气相对湿度应保持在 85%～95%。湿度适宜时，子实体生长快、耳片大、耳片厚；湿度过高，遇高温天气易感染杂菌形成流耳，造成污染；湿度过低，耳片易发生“困菌”（即耳片在菌棒开口处向袋内生长，后期遇高温、高湿天气发生烧菌、流耳、杂菌污染等造成减产）。空气相对湿度大时应加强通风，空气相对湿度小时应喷水增湿。

在自然条件下栽培黑木耳，理想的天气是三晴两雨、干湿交替；长期干旱或阴雨连绵，对黑木耳生长都不利。

（3）通风 黑木耳是好氧性真菌，对氧气需求量大。黑木耳不同生长发育阶段对氧气需求量不同。一般菌丝体生长初期对氧气的要求较低。当菌丝定殖以后逐渐生长，对氧气需求量逐渐加大。在培养室发菌期和养菌期，一般通过开窗、开门进行通风换气来解决黑木耳对氧气的需求。氧气缺乏，二氧化碳浓度过大，对黑木耳菌丝体会产生抑制作用，菌丝生长缓慢，甚至停止生长。出耳阶段若通气不良，会造成子实体畸形，耳片难以展开，形成球状或珊瑚状。

(4) 光照 黑木耳在不同的生长发育阶段对光照的需求不同。黑木耳菌棒中的菌丝体在完全的黑暗条件下生长最好，光照对黑木耳菌丝体生长有一定影响。根据黑木耳菌丝适宜在黑暗下生长的特性，在暗室中进行发菌培养，培养室的光线如果较强，最好进行遮光处理，以利于加快菌丝生长速度，培养出优质的菌棒。虽然黑木耳所需要的营养物质直接由菌丝从培养料中吸取，不像绿色植物那样通过光合作用合成有机营养物质，但是黑木耳的正常生长发育还是与光照有着密切的关系。在菌棒培养过程中经常发现，培养室菌棒受到来自光照所产生的光照刺激，或来自门窗等通风处的温差刺激，受刺激一侧易产生耳芽。

黑木耳出耳时必须要有一定的散射光，在完全黑暗条件下，不能形成子实体。在弱光条件下，耳基出芽率低，出耳后耳片生长发育较差，耳片薄、色淡呈灰褐色。在光照充足的情况下，才能生长出肉质厚实、颜色黑褐的健壮耳片，光照越强耳片越黑亮，但光照过于强烈，也会导致耳片生长缓慢，甚至干枯死亡影响产量。黑木耳对光照的需求量与品种及气温高低有关。在生产上应把海拔、日照时间、气温等因素综合起来考虑，因地制宜加以选择和调节。在栽培生产过程中，气温低、湿度大，光照宜强些；高温、干旱，光照宜弱些。各地气候差异较大，栽培黑木耳的光照调节不尽相同，一般采用五分阳、五分阴，即“花花阳光”的光照管理较为合理。

在黑木耳生产中所需要的温度、湿度和水分、通风、光照等各种环境条件并不是孤立存在，他们同时影响着黑木耳的整个生长发育过程。任何单个环境因素在黑木耳生长发育过程中都不能单独发挥作用，只有在其他各种因素都得到满足的情况下，才能发挥其作用。当环境因素中其他因素都得到满足时，如果某个因素限制了黑木耳的生长发育，这个因素被称为限制因素。例如，早春将菌棒摆放到栽培场地时，春季气温低、湿度小，温度和湿度是黑木耳生长的主要抑制因素，则是应采取覆盖塑料薄膜、草

帘增温保湿。15～20 天后随着气温温度升高以及人工喷水措施使湿度增加，这时要撤掉塑料薄膜，以降低温度、减少湿度，避免高温、高湿和通风不良。如果气温上升太快，加之湿度大，黑木耳生长受到高温、高湿限制，易诱发霉菌污染，导致栽培失败。

在黑木耳生产过程中只要掌握了黑木耳的生活习性，了解生长发育各个阶段对外界环境条件的要求以及各种环境因素间的相互关系，且能因地制宜，并灵活科学地掌握行之有效的技术措施，就能解决生产中的各种技术难题，实现科学管理，获得高产、稳产，提高生产效益。

8. 黑木耳生长发育需要哪些营养条件？

黑木耳菌丝体和耳片的生长发育需要的营养条件包括碳素、氮素、无机盐、维生素等营养物质。

(1) 碳素营养 碳素是黑木耳菌丝体和耳片的生长发育需求量最大的营养源，因此，一般把凡是供给黑木耳菌丝体和耳片生长发育所需碳素来源的营养物质称为碳源。碳源的主要作用是提供黑木耳生长繁殖所需的能量及其代谢调节物质。黑木耳吸收的碳素仅有 20%用于合成细胞物质，其余通过氧化分解为黑木耳生长发育提供能量。黑木耳在营养类型上属于异养型生物，所以不能直接利用二氧化碳等无机碳为碳源，只能从现成的有机碳化合物中吸取碳素营养。在常见的碳源中，单糖、寡糖、多糖、低分子醇类和有机酸等小分子化合物，都可以直接被黑木耳细胞所吸收；纤维素、半纤维素、木质素、果胶、淀粉等大分子化合物则不能直接被吸收，必须通过菌丝分泌纤维素酶、半纤维素酶和木质素酶分解成葡萄糖、半乳糖、阿拉伯糖、木糖和果糖后才能被吸收利用。在黑木耳生长发育的不同阶段所需的碳源也不相同，在母种生产阶段，由于菌丝体生长尚不发达，分泌的各种水解酶类的能力较差，应提供可以被菌丝体直接吸收的葡萄糖、蔗糖、麦芽糖、有机酸等小分子化合物，同时少量加入一些大分子化合物如淀粉等；在原种培养阶段，菌丝生长能力尚未完全得到恢复，但分泌各种水解酶类的能力有所增强，所以在富含纤维素、半纤维素的木屑培养料中，宜加入1%的糖类、20%左右的麦麸等。据研究，一般常用于栽培黑木耳的木屑中纤维素含量约为40%，木质素含量约为24%，半纤维素中包括多聚戊糖约为20%，甲基多聚戊糖约为1%。在栽培种、栽培袋营养阶段，黑木耳菌丝生长能力已得到恢复，在分解、摄取养料时，能不断地分泌出多种酶，将大分子化合物分解成黑木耳菌丝体易于吸收的各类营养物质，在培养料中可以不加糖类，但仍应加入15%左右的麸皮。

（2）氮素营养 用于黑木耳菌丝体和耳片生长发育需求的氮素来源的营养物质，统称氮源。供给黑木耳菌丝体和耳片生长发育的主要氮源有蛋白质、氨基酸、氨、铵盐和硝酸盐等。菌种制备中如母种的制作常用的氮源有黄豆粉浸汁、马铃薯浸汁、酵母汁、蛋白胨等，菌棒生产中原材料配方常用的氮源有豆粉、米糠和麦麸等。黑木耳菌丝体能直接吸收相对分子质量较小的氨基酸和氨类等小分子化合物。蛋白质是一类高分子化合物，不能直接被利用，必须经过蛋白酶分解成氨基酸后才能被吸收。黑木耳菌丝体对不同氮源的利用能力是有差异的，黑木耳菌丝体在母种培养阶段，对氮源的吸收利用具有选择性，氮源的优劣次序为酵母膏、蛋白胨、麸皮、豆饼粉、牛肉膏。在酵母膏、蛋白胨、麸皮为氮源的培养基上生长最佳，菌丝萌发快、长势强、粗壮，菌落边缘整齐；在以豆饼粉、牛肉膏为氮源的培养基上，菌丝萌发较慢、生长势一般，菌丝较弱、菌落边缘不整齐。培养基中不仅要有适宜的氮源和氮源浓度，而且必须与碳源要保持适当的比例，即碳氮比（C/N）不能失调，黑木耳菌丝体营养生长阶段适宜的碳氮比（C/N）是（20～40）：1，生殖生长阶段适宜的碳氮比

(C/N)（40～60）∶1。含氮量过低，菌丝生长缓慢；含氮量过高，导致子实体分化发育迟缓。适宜子实体发生的氮源浓度比营养生长的氮源范围要小，子实体分化发育阶段，培养基中氮浓度降低是出耳的前提。因此，超过最适浓度时，子实体发育受到抑制，产量减少；在更高浓度时菌皮增厚，严重阻碍子实体发生。

(3) 无机盐 黑木耳生长发育所需的无机盐是一类不可缺少的矿质营养物质，根据其生长发育中所需量的多少，无机盐可分为普通元素和微量元素两大类。

①普通元素。在黑木耳菌丝体和耳片生长发育过程中所需的普通元素包括磷、钙、钾、镁、硫等，这类元素在黑木耳菌丝体和耳片生长发育过程中起着非常重要的作用。

磷：是黑木耳菌丝生长生理代谢活动过程中非常活跃的元素，是核酸和磷脂的组成元素，也是高能化合物 ATP 的组成元素。许多重要酶的活性基团内都含有磷，因此它和蛋白质、脂肪、糖的代谢有关，并参与菌丝细胞内氧化还原能量转变的反应。在黑木耳母种和原种的培养基上，主要添加磷酸二氢钾来满足菌丝体细胞生长的需要，在栽培种和出菇袋的培养材料中，如木屑、麦麸、豆粉等本身都含有一定量的有机磷化合物，基本上能满足菌丝细胞生长的需要，但在生产上，为了更好地促进菌丝的生长，一般也要添加适量过磷酸钙等肥料。因为黑木耳栽培不像种庄稼一样，可以方便地追肥，当栽培出耳中出现缺磷症状时，如出耳不整齐，后期出耳量低时再补充磷是较困难的。

钙：是自然界所有生物体不可缺少的元素，在菌丝细胞内钙是以离子状态控制着细胞生理活动的，它能调节细胞内的 pH，有利于酶的催化活性。在黑木耳母种和原种的培养基中一般不需要添加钙，但在栽培种和栽培袋的培养料中，为了稳定酸碱度（pH）则必须添加适量的硫酸钙、碳酸氢钙等，以利于菌丝体的生长，此外，添加钙对子实体的形成也有促进的作用。

钾：是菌丝体在利用糖和氨基酸合成许多重要物质中酶的激活剂，对原生质的胶态和细胞膜的渗透性物质运输起到重要作用，若钾缺少时会影响糖的代谢。在黑木耳母种和原种的栽培基质中，钾一般通过磷酸二氢钾添加。在栽培种和栽培袋的培养材料中，都含有一定量的钾能满足菌丝细胞生长的需要，不需要再另外添加。

镁：是生物重要的矿物质营养，作为必要元素，镁参与ATP磷脂以及核酸、核蛋白等各种含磷化合物的生物合成，缺镁时核糖体和细胞膜受到损害，细胞的生长就会停止。在黑木耳母种培养基中，加入适量的硫酸镁是必需的；在原种、栽培种和栽培袋的培养料中都含有一定量的镁，能满足菌丝细胞生长的需要，不需要再另外添加。

硫：是合成蛋氨酸和半胱氨酸等含硫氨基酸所必需的元素，存在于细胞的蛋白质中，一些酶的活性剂中也含有硫。在黑木耳母种培养基中可以加入适量的硫酸镁或硫酸锌，在原种、栽培种和栽培袋中的培养料中则不需要再另外添加。

②微量元素。铁、锰、铜、锌、硼、钼、钴等是黑木耳菌丝体和耳片生长发育中需要的微量元素，这些元素需求量很少，但也是维持黑木耳正常生长发育所必需的。在黑木耳培养基、培养料中，都含有一定量的天然微量元素，能满足菌丝细胞生长和子实体发育的需要，不需要再另外添加。

（4）维生素 维生素是维持黑木耳菌丝体和耳片正常生长发育不可缺少而需求量很少的一类有机物，因为它们是构成细胞内酶的活性基团成分，缺乏维生素会使酶的活性降低甚至丧失，影响黑木耳生长发育的整个新陈代谢过程，如果酶失去活性，菌丝体细胞的生命活动也就停止。常用的生物素（维生素H）、维生素B_1、维生素B_2、维生素B_6及泛酸、叶酸和烟酸等维生素，对黑木耳菌丝具有调节和促进生长的作用。在黑木耳原种、栽培种和栽培袋的培养材料中，添加的豆粉、麸皮等辅料中含有丰富的维生素，能满足菌丝体细胞生长和耳片发育的需要，因此黑木耳栽培生产时，不需要再另外添加维生素。

(5) 生长调节剂 生长调节剂不是黑木耳生长发育过程中必需的营养物质。因此，在黑木耳栽培生产中一般不使用生长调节剂。

9. 黑木耳的生长发育过程是怎样的？形态结构特征有哪些？

黑木耳的生长发育过程称之为生活史。黑木耳的生活史由担孢子到担孢子的一个循环过程，即担孢子→菌丝体→子实体（耳片）→担孢子，这一过程的发生先是担孢子萌发长出芽管，芽管伸长为单核菌丝，单核菌丝结合形成双核菌丝。双核菌丝不断生长，分化发育成子实体（耳片），子实体（耳片）成熟后，又产生大量的担孢子，这样一个生长发育过程就完成了黑木耳的生活史。

担孢子好比是黑木耳的种子，在不适宜其萌发的条件下，担孢子可以保藏较长时间。影响担孢子萌发的外界环境条件主要是温度、湿度、空气、光照和酸碱度（pH），特别是温度、湿度两个因素起着关键的作用。此外，担孢子本身的成熟度也是影响萌发的一个因素。担孢子萌发后先形成芽管，继而伸长，生长成为管状的菌丝，并形成隔膜，隔膜使其成为单核的多细胞菌丝体，这种单核菌丝称为初生菌丝。初生菌丝的形态特征是纤细及隔膜处无锁状联合，其生理特点是生长缓慢，不出耳。亲和的初生菌丝间可以融合，融合后形成次生菌丝。次生菌丝的每一个细胞中都含有两个细胞核，分别来自两个亲本（单核菌丝）。次生菌丝的形态特征是粗壮，隔膜处有锁状联合。生理特点是生长快，可以正常出耳。当次生菌丝吸收和积累了大量养分后，在适宜的环境条件下就可以形成子实体（耳片）。

在黑木耳人工栽培生产过程中，由于担孢子的个体很小，其大小为（9～15）微米×（5～6）微米，因此，一般用肉眼看不到。我们所能看到的是黑木耳菌丝体和子实体（耳片）的生长。黑木耳菌丝体生长发育初期为灰白色，后期老熟后常分泌褐色的色素，因此，菌丝体生长后期呈淡黄褐色。子实体（耳片）的形成和发育大致经历菌丝聚集、原基形成、子实体（耳片）生长及子实体（耳片）成熟等几个时期。黑木耳子实体单生时为耳片状，群生时为花瓣状，新鲜时呈胶质、半透明状，背面呈青褐色，有绒状短毛，腹面平滑，有脉状皱纹，红褐色。耳片干后强烈收缩为角质状。

10. 黑木耳菌种是什么样的？

在自然条件下，野生黑木耳依靠子实体（耳片）上产生的担孢子繁殖后代，担孢子就是它的种子，当担孢子借助风力、雨力、某些小昆虫或小动物传播到适宜其生长的环境（朽木、枯枝）时，在适宜的环境下萌发出菌丝，继续生长，达到生理成熟后在适宜环境下就会产生子实体，周而复始，子实体上又会产生新的担孢子。在人工栽培条件下，担孢子除了用来育种等实验研究利用外，不会直接把担孢子作为菌种来使用，直接利用的是它的纯菌丝体。因此，在黑木耳生产上，菌种是指生长在各种培养基上的纯菌丝体。

11. 黑木耳生产时如何引进菌种？引进菌种要注意哪些问题？

菌种是黑木耳栽培生产的基础，引种是栽培生产黑木耳的第

一步，一般生产上引进的菌种主要是黑木耳的母种，母种容器为玻璃试管，引进母种后再扩大繁殖成原种、栽培种。在生产上根据需要也可以直接引进原种或栽培种，但为了避免劣质菌种对生产带来的不良影响，引种时应遵照以下原则和程序进行：

（1）了解供种单位 引种时一般向科研单位、大专院校、黑木耳生产企业及菌种生产企业购买菌种，但是由于引种次数、转管次数过多，生产单位专业理论水平和实践经验相差悬殊，菌种生产分散及菌种名称混乱使得购买到栽培者手中的菌种特性差异甚大，同名异物、同物异名、菌种老化、菌种退化的情况时有发生，甚至一些栽培者对栽培菌种的品种、名称、基本特性都不了解。因此，为了确保引种质量，一定要多做一些咨询，详细了解供种单位的专业技术和设备水平及生产资质。确定购种后要注意以下几点：一是有标签并注明名称、编号，制种单位和制菌日期；二是菌种名称与所购菌种相符；三是菌丝健壮，无任何杂菌污染，无虫、螨危害；四是容器用棉塞封口的，棉塞要干燥、不松动，不易脱落。

（2）了解品种的基本特征 黑木耳一般根据栽培材料的不同分为段木种和代料种，根据子实体（耳片）色泽的不同分为浅色种和深色种，根据子实体（耳片）形态的不同分为菊花型（耳片聚生）和单片型（耳片散生或单生）。此外，黑木耳不同品种适宜的地域和环境条件不同，生物学特性以及产品特性也有差异，因此引种前要尽量关注相关信息，广泛了解和对比，结合地域自然气候条件选择试种品种，也可以向已栽培此品种的生产者去了解咨询，这样会更全面、更客观地了解到有关品种的生产特性及商品特性。

（3）了解引进品种的生物学特性和栽培要点 对于引进的品种，除了其基本特征外，还要详细了解其生物学特性、生产性状和栽培技术要点，如适宜的培养料配方、发菌和出耳的温度、栽培周期、抗逆性、抗病虫、抗杂菌的能力，子实体的品质、产品的耐贮性和产量等。

(4) 先试种再扩大 对于引进的品种，在没有栽培经验的情况下，不要大面积栽培，最好选择2～3个品种，同时试种，应先试种再扩大推广，试种期间要仔细观察记录并总结经验后再选择适合当地气候条件的优良品种进行大规模生产。也可以根据当地的气候特点、产品特性和市场需求，选择一个以上的品种进行栽培，以提高经济效益。

12. 什么是黑木耳固体菌种？固体菌种分几级？

根据黑木耳菌种培养基质的不同可将菌种分为固体菌种和液体菌种。固体菌种是指由固体培养基培养而成的菌种，如使用PDA培养基、木屑等生产的菌种。固体菌种是我国大部分地区农户黑木耳生产采用的一种主要方式，它的优点是生产成本低，制作或使用方便，适用于一般农户中小规模生产，缺点是菌种生产周期长，费工费力，占地面积大。

黑木耳固体菌种根据菌种来源、繁殖代数及生产目的通常分为母种、原种和栽培种三级。母种是由孢子、子实体、耳木或基质菌丝分离纯化，并在试管培养基上繁殖的菌丝体。以玻璃试管为容器，以PDA（马铃薯、葡萄糖、琼脂）为培养基，在生产上称为一级种或试管种；原种是由母种移植于固体或液体培养基上繁殖的菌丝体。常以玻璃菌种瓶、塑料瓶或聚丙烯折角袋为容器，以麦粒、木屑为栽培基质，在生产上称其为二级种；栽培种是由原种移植到固体或液体培养基上扩大繁殖的菌丝体。一般以玻璃菌种瓶、塑料瓶或聚丙烯折角袋为容器，以木屑、麦麸为栽培基质，在生产上称其为三级种；选购菌种时，一是要选用适宜当地气候条件及栽培方法且具有高产、优质、抗杂菌等优良栽培

性状的品种；二是要根据自身制种条件选购菌种，一般农户没有制菌条件和技术，可直接购买栽培种；三是无论选购哪一级菌种，都要到有制菌资质的正规单位购买，保证菌种质量。

13. 黑木耳母种制作所需用具有哪些？原种、栽培种生产所需条件有哪些？

黑木耳母种制作所需用具、设备及用途主要有以下几种：①试管，常用的规格口径15～20毫米、长180～200毫米。②量杯，有500毫升、1 000毫升和1 500毫升3种。③天平及电子秤，用于称量药品。④漏斗、漏斗架、乳胶管、止水夹，用于分装培养基。⑤橡皮筋和报纸，用于捆绑包裹试管。⑥酒精灯，用于试管母种转管或转接原种时灭菌。⑦广口瓶，用于盛放酒精或酒精棉球。⑧手提式高压锅，用于试管灭菌。⑨电磁炉、锅，用于熬煮培养基。⑩接种箱、超净工作台，用于接种。⑪95%和75%酒精，用于酒精灯燃烧及表面消毒。⑫恒温培养箱，用于试管母种培养。

原种、栽培种生产需要一些基本的设备用具和容器，设备用具包括称量磅秤、铁锹、水桶及拌料机，有条件的还可购置装瓶机、装袋机等。容器可分为玻璃容器和塑料容器两大类。玻璃容器有罐头瓶及玻璃菌种瓶等；塑料容器主要有塑料瓶、聚乙烯筒袋、聚乙烯折角袋、聚丙烯筒袋、聚丙烯折角袋等。选用质量好的塑料袋制作菌种，塑料膜厚度要在0.3毫米以上，这样可以防止装袋、搬运时木屑培养料扎破袋子引起杂菌污染，影响制种的成功率。

用于栽培种的生产的塑料袋主要有两种材料的塑料袋，一种是常压灭菌使用的低压聚乙烯塑料袋，其优点是质地柔韧，在温度较低时不易破裂，竖向抗拉力强，但横向易撕裂，能耐115℃高温。缺点是透明度略差，不易观察菌丝长势及杂菌污染，灭菌后塑料袋易软化变大，使菌棒与培养料之间出现间隙。另一种是聚丙烯塑料袋，其优点是透明度高，强度好，便于观察菌丝生长情况，耐热性强，能耐受132℃高温而不熔化，缺点是低温时脆硬，温度越低越容易破袋。聚丙烯塑料袋常用的规格为长30厘米×17厘米、厚度0.4～0.5毫米。

14. 黑木耳生产中消毒和灭菌有哪些异同？

在黑木耳菌种或菌棒生产中必须采取消毒与灭菌措施，才能有效防止和排除杂菌对菌种或菌棒的侵染。在黑木耳菌种或菌棒生产上出现的“杂菌”主要是指对黑木耳菌丝体或子实体（耳片）产生危害的病毒、细菌、霉菌等，所谓“杂菌污染”就是指在菌丝体生长的培养基料上出现的有害“杂菌”。

消毒与灭菌是两个不同的概念。消毒主要指对活体有害微生物的杀灭及抑制作用，但消毒后的物品中还存在着部分微生物活体。灭菌则是指用物理或化学的方法杀死基质内的一切微生物，经过灭菌后物体中已不存在任何活体微生物。在黑木耳菌种或菌棒生产中消毒一般指用各种消毒药剂对接种工具、接种环境中微生物的杀灭。“无菌操作”是在接种室内的环境空间中以及操作使用的工具与器皿，操作人员的手和衣服上都不带有活体微生物。灭菌则主要是指用高压或常压灭菌设备对容器及培养基中存在的所有杂菌的杀死。

15. 栽培黑木耳所需的灭菌设备有哪些？如何操作？

灭菌是菌种制作、菌棒生产过程中至关重要的一个环节，灭菌有高压灭菌和常压灭菌两种方式，一般高压灭菌主要用于母种培养基和原种培养料的灭菌，常压灭菌主要用于栽培种栽培料和出耳菌棒栽培料的灭菌。

根据灭菌用途的不同，高压灭菌设备包括以下几种：

（1）手提式高压灭菌锅 适用于母种试管或少量原种培养料的灭菌，容量较小，一般一次可灭菌试管培养基100支左右，一次可原种培养料灭菌450～500毫升罐头瓶16瓶左右。

（2）立式高压灭菌锅 主要用于原种培养料的灭菌，450～500毫升罐头瓶一次能灭菌80瓶。

（3）卧式高压灭菌锅 主要用于原种培养料或少量栽培种栽培料的灭菌，450～500毫升罐头瓶一次能灭菌280瓶。

（4）蒸汽锅炉 安装在锅炉房内，可产生大量的蒸汽，通过管道输入到完全封闭的灭菌柜，根据产气量多少，一个蒸汽锅炉可带一至数个灭菌柜，主要用于栽培种栽培料和出耳菌棒栽培料的灭菌，一次可灭数千至上万袋，适用于连续性的大规模生产。

手提式、立式、卧式三类高压灭菌锅的步骤为：加水至水位线→试管、原种、栽培种、菌棒装锅→加盖→加热升温→表上压力至0.05兆帕时，打开排气阀排除锅内冷空气，排气阀有大量热蒸汽冒出，压力降到“0”。然后，关闭排气阀→继续升温，压力升至规定指标，温度达到规定指标时，开始调火稳压到规定时间→停止加热→压力自然降到“0”→打开排气阀→松开锅盖让余热烘干灭菌物品→取物。使用高压蒸汽灭菌锅应由操作专人负责，在锅内表压力未降到“0”之前，严禁打开锅盖，以免发生烫伤。

常压灭菌设备主要是土法建造的土蒸锅，容积根据生产量可大可小，其优点是经济适用、结构简单、容易建造，投资少，且培养料中的养分不易破坏。但缺点是要求原料无霉变，灭菌时间长，燃料耗费多，工作量大，灭菌不彻底。

作为小规模的种植户，为节省建灶的投资，可采用蒸汽灭菌罩灭菌。这种方法投资少，灭菌数量大，特别适合欠发达地区小规模种植户。土蒸锅的建造要注意根据实际生产量的多少，确定土蒸锅需要建造的大小。以一次灭菌栽培料 1 000 千克计算，需要的容积在 3 米^3 左右，土蒸锅一般建成正方形，高度在 1.5～2.0 米，因此可以确定土蒸锅里边的长和宽为 1.4～1.5 米，墙体厚度一般为 0.25 米，所以土蒸锅外边的长和宽应为 1.9～2.0 米。此外，灶台建造要尽量建在地面以下，使灶台面与地面的高低差不多，这样便于菌棒的取放。此外，也可以在一块平整的土坝上，垫上秸秆、稻草后，铺上一层或两层塑料薄膜，再铺一层木板，木板用木棒架空。在木板上堆放料袋。菌棒垒成梯形，菌棒之间预留蒸汽通道，一般堆放 8～12 层，或将菌棒装入金属周转筐内堆码摆放。堆放好菌棒后，顶层加放一层干麻袋片可吸收冷凝水，最后用一层宽幅低压聚乙烯塑料布和帆布覆盖，用绳索将整个料堆外面捆绑结实，以防加热过程中，蒸汽把大棚薄膜顶开，最后用砖或沙袋将四周压严实，预留出冷空气排气孔，一次可灭菌 2 000～5 000 袋。加热使用蒸汽锅炉或使用质量好的汽油桶烧蒸汽，用导管把蒸气引入薄膜罩内，从而达到灭菌的目的，但此种方法蒸气压力不能过大，要特别注意安全。加温时通过排气孔排除冷空气，温度上升到 90℃后用沙袋把排气孔压紧，灭菌过程中帆布罩鼓起开始计时，加热原则“攻头、控中、保尾”，即灭菌初期大火猛攻，中间中火维持，灭菌结束前大火再猛攻一次。

16. 黑木耳生产中使用的消毒和杀菌药剂及装置有哪些？如何使用？

黑木耳生产中使用的消毒和杀菌药剂有甲醛、高锰酸钾、来苏儿、石炭酸、酒精、漂白粉、硫黄、新洁尔灭、苯来特、多菌灵、克霉灵等。消毒装置紫外线灯、消毒器等。这些药剂及器具的用途主要有以下几个方面：

甲醛是黑木耳生产常用的药剂之一，主要用于接种室、发菌室、接种箱等空间消毒。甲醛商品名为福尔马林，浓度为37%～40%的无色水溶液，有强烈的刺激气味，5%的甲醛可有效杀死细菌芽孢和杂菌孢子，使用方法：先将要消毒的房间门窗关闭，将缝隙塞住不漏气，按 6～10 毫升/米^3 的用量把甲醛倒入容器（空罐头瓶/盆）内，然后将 1/5 量的高锰酸钾缓慢倒入甲醛溶液中，倒入时工作人员佩戴口罩，面部不要对着容器口，防止甲醛与高锰酸钾氧化反应过快使甲醛冲出瓶口弄伤面部，然后迅速退出房间关闭房门。甲醛气体扩散能力较差，空间经甲醛熏蒸后，经过 24 小时后才能进入室内工作，若还有刺激气味，应消除残余的甲醛气体；方法是用浓度 25%～28%的氨水，在室内喷雾或熏蒸，氨可与空气中的甲醛结合，等待 10～30 分钟可消除空间残存的甲醛气体；也可按每立方米空间用碳酸氢铵 5 克，加热熏蒸中和空间残留的甲醛。

高锰酸钾为为黑紫色、细长的结晶或颗粒，带蓝色的金属光泽，无臭，易溶于水。高锰酸钾可使微生物蛋白质变性，酶失活，导致细菌芽孢和杂菌孢子死亡。除了与甲醛混合熏蒸消毒外，主要用 0.1%～0.2%的水溶液擦洗用具、器皿和培养架等，使用时应戴上胶皮或塑料手套，否则高锰酸钾沾在手上不易清洗。使用浓度为 2%～5%溶液可在 24 小时杀死芽孢，浓度为3%时可杀死厌氧菌，随配随用。

来苏儿是表面活性物质消毒剂，是含 50%煤酚的肥皂溶液，又称煤酚皂溶液，主要成分为甲酚、植物油、氢氧化钠的皂化液（含甲酚 50%）。来苏儿为无色或黄色液体，有强烈的气味，可溶于水，性质稳定，耐贮存。甲酚为细胞原浆毒物，低浓度能使蛋白变质，高浓度能使蛋白质凝固，对细胞有直接损伤。使用水溶液对物品进行浸泡或对环境喷洒消毒。1%～2%溶液可用于皮肤浸泡（3分钟），擦洗超净工作台、接种箱、用具。3%用于喷洒消毒，浸泡器皿1小时。

石炭酸又名苯酚，低温下为无色或白色针状晶体，有特殊气味和腐蚀性。室温时稍溶于水，65℃以上时能与水任意混溶，水溶液呈弱酸性。石炭酸可杀灭微生物营养体，但常温下对细菌芽孢、真菌孢子和某些病毒无杀灭作用。其杀菌机理是在高浓度下可裂解并穿透细胞壁，使菌体蛋白凝聚沉淀；在低浓度下，可使细胞的主要酶失去活性，从而起到杀菌作用。一般用5%的水溶液喷洒消毒，配制溶液时，将苯酚用热水溶化，然后加入所需水量，如在5%溶液中加入总体积0.8%～0.9%的食盐，可加强杀菌作用。石炭酸腐蚀性强，要避免接触人体皮肤。

酒精是常用的表面活性物质消毒剂，又称乙醇。无色、透明的溶液。市售有75%、95%和无水酒精（含量99.8%）3种。后两者常用作酒精灯燃料，或对水配制成75%浓度的水溶液。95%酒精和无水酒精浓度具有最强的杀菌力，浓度过高，会使菌体表面蛋白质很快凝固成保护膜，阻碍酒精进入细胞，达不到杀菌目的。而75%浓度乙醇能侵入菌体细胞，解脱蛋白质表面膜，引起代谢障碍，失活。乙醇对芽孢和杂菌孢子杀灭无效。

漂白粉的主要成分为次氯酸钙，由熟石灰和氯作用合成，属于氧化型杀菌消毒剂。有效氯含量为25%～32%，溶于水中生成次氯酸，有很强的氧化作用，易与蛋白质或酶发生氧化作用使菌类致死。2%～5%漂白粉溶液可用于墙壁、地面、床架和器具表面的消毒，也用于空间喷雾消毒。要求现配现用，否则有效氯挥发失去杀菌作用。注意该类杀菌剂呈碱性，易破坏衣物纤维，有腐蚀性。漂白粉配制成2%～5%的水溶液洗刷发菌室、出耳房墙壁、床架、地面。有时也配制成1%的水溶液，用于出耳期喷洒，防治子实体的细菌性病害。

石灰有生石灰、熟石灰两种，以4份生石灰加入1份水，即化合成熟石灰，又称消石灰，为碱性物质，可提高培养料或环境

的 pH，从而抑制大多数酵母菌及霉菌的生长繁殖而达到消毒目的。使用时可用石灰粉撒于杂菌处，也可配成5%～10%的水溶液喷洒或涂刷。

硫黄为黄色结晶固体，有光泽。常温下性质稳定，硫黄粉燃烧后生成二氧化硫，有强烈刺激气味，渗透性强，易溶于水，也易被湿潮物品吸附。其杀菌机理是：二氧化硫与水生成亚硫酸，亚硫酸能夺取菌体细胞中的氧，导致细胞代谢功能障碍，具有杀菌作用。黑木耳生产中，硫黄主要用于空间密闭室内消毒。使用前增加空气湿度，并喷水使墙壁、地面、器具表面潮湿，可增加杀菌效果，同时有较好的杀虫、杀鼠的效果。二氧化硫对人体呼吸道黏膜和眼结膜有刺激性，对金属有腐蚀性。

新洁尔灭是阳离子型表面活性物质杀菌剂。该品为淡黄色胶体状，具有芳香气味，极苦，易溶于水，溶液澄清，呈碱性反应，摇振时能产生大量的气泡，具有表面活性作用，耐热、耐光、稳定。机理是通过阴阳离子电荷的结合，破坏菌丝处的膜结构，从而改变细胞壁的透性，使菌体肿胀死亡。对无芽孢病原菌、霉菌等具有较强的杀菌作用，效果为石炭酸的10倍。消毒特点：快速、彻底、高效。新洁尔灭原液浓度为5%，常用0.25%浓度对手和器具作表面消毒，现配现用。对人体无刺激性，对器械也无腐蚀性，是一种高效、无毒的杀菌消毒剂。

苯来特为高效、低毒、内吸杀菌剂，对人、畜毒性很低，施药后残留量极低。纯品为白色结晶，带有刺激性臭味，难溶于水，市售有50%可湿性粉剂。本品是国外被批准用于蘑菇栽培上的药品。

多菌灵是一种杀菌剂，配制成0.1%的水溶液，主要用于栽培料的处理，也可用于培养室或出耳房出耳前的喷雾消毒。

克霉灵是一类广谱性杀菌剂，对防治绿霉、黄曲霉、根霉、链孢霉等杂菌有较好的效果。它有气雾型和拌料型两种，气雾型可用于接种间的空气消毒；拌料型则主要用来拌入栽培料，防治各种杂菌的污染。

紫外线灯主要用于接种间的空气或物体表面的消毒。紫外线对人体的皮肤、眼黏膜及视神经有损伤作用，因此，应避免在紫外线灯下工作。紫外线灭菌法是利用辐射能量进行杀菌的方法，是黑木耳科研与生产中无菌室和接种箱最常用的灭菌方法之一，紫外线的杀菌波长为200～300纳米，尤以260纳米左右可导致细胞内核酸和酶发生光化学变化而使细胞死亡。另外，紫外线还可使空气中氧气产生臭氧，臭氧也具有杀菌作用。紫外线杀菌的效果与波长、照度、照射时间、被照物体的距离有关，30瓦的紫外线灯管，有效作用距离为1.5～2米，以1.2米以内为最好，在连续照射2小时的情况下，几乎可以杀死空间及照射表面的所有微生物。通常用于无菌室、接种箱等的消毒。实际应用中，保持照射20～30分钟，空气中有95%的微生物被杀死。为了保持无菌室、接种箱长期无菌状态，可以定期开灯灭菌30分钟，空气中微生物数量可下降95%。为了防止微生物的光修复作用，用紫外线照射后，无菌室、接种箱应保持黑暗，以提高杀菌效果。紫外线的物体穿透能力弱，一张纸就可挡住一半以上的射线。因此，紫外线只适用于空气和物体表面消毒。

消毒器是一种臭氧发生器，主要用在接种间内，对各类杂菌有较好的杀灭作用，使用比较方便，异味小，可以避免甲醛或其他杀菌剂对人体的有害刺激与过敏反应。

17. 接种室无菌操作时应注意什么？无菌操作的要点有哪些？

接种室在使用前，首先要做好检查工作，如酒精灯是否需要添加酒精，75%消毒棉球够不够等，检查完毕，把已灭过菌的母种培养基、原种培养基等搬入接种间，在接种工作前，接种间、缓冲间和超净工作台开启紫外灯照射半小时。然后，再把需要组织分离的子实体，或需要转接的母种、原种等带入准备接种，组织分离的子实体，母种、原种要避免紫外灯照射以免发生变异。

紫外灯照射半小时后，工作人员进入接种间前，要换上灭过菌的工作服、鞋、帽，戴上口罩，用肥皂洗手，然后带全需要的物品进入。

接种前再用75%的酒精棉球擦手，操作时动作要轻缓，尽量减少空气波动，如遇棉塞着火，可用湿布压灭，切不可用嘴吹，如有培养物洒落台面或打碎带菌容器，应用抹布蘸取消毒液，将培养物或容器碎片收拾到废物篓内，并擦洗台面和地板，再用酒精棉球擦手后继续工作。

工作过程中如必须进出接种间时，切勿同时打开接种间和外边的门。工作结束后应立即将台面收拾干净，把接好的菌种标记好放入培养箱或培养室，其他不应放在接种间的物品也拿出去，最后用消毒液擦洗台面和地面，退出并开启紫外线灯照射半小时。如在接种间内使用接种箱，接种箱使用前和使用后同样必须彻底消毒，主要是要用消毒液把箱内外擦洗干净，其他注意事项与上述基本一样。如在接种间内使用超净工作台，其他注意事项一样，但特别要把超净工作台的空气过滤网擦洗干净，调整好出风量，风量太大易把酒精灯吹灭，风量太小则难以保证操作区的无菌状态。

在实际生产中，除了上述标准接种室的使用外，如果原种转接栽培种，或者是栽培种转接出耳袋的量很大，接种间又太小不便于操作，可以把一个较大的房间或者是温室内隔离出一个接种区，在大房间或温室内的接种区，可临时设置一个缓冲间，其他注意事项、操作规程、消毒灭菌方法应按照上述标准接种室的要求进行。

在严格的消毒灭菌条件下，进行的菌种转接操作就称无菌操作。虽然各级菌种的接种有所差异，但无菌操作的基本要点是相同的。无菌操作的要点如下：

①接种空间一定要彻底的消毒灭菌。

②菌种所暴露或通过的空间，必须是无菌区（酒精灯火焰 10 厘米内）。

③菌种管口、瓶口的部分，必须用酒精灯火焰封闭。

④各种接种工具和菌种接触前都应该经火焰灼烧灭菌，冷却后再接菌种，以免烫死或烫伤菌种。

⑤棉塞塞入管口或瓶口的部分，拔出后不要与未经灭菌的物体接触。

⑥每次接种的时间不宜过长，以免空气中杂菌的基数不断地积累太多，影响转管、接种效果。

⑦操作人员最好换消毒的工作服、戴口罩，双手要用 75% 的酒精擦过消毒。

⑧不戴口罩操作时不要随意讲话为宜。

⑨时刻树立无菌观念，整个操作过程，动作必须快速准确。

18. 黑木耳母种培养基的配方有哪些？如何制作？

黑木耳母种培养基的常用配方一般为以下两种：

(1) PDA 加富培养基 PDA 培养基是一般黑木耳母种培养中常用的培养基，其配方如下：马铃薯 200 克，葡萄糖 20 克，琼脂 18～23 克，水 1 000 毫升，pH 7。

黑木耳母种菌丝在 PDA 培养基上也能生长，但菌丝萌发迟、生长慢、长势弱，菌落边缘不整齐。因此，如果完全用 PDA 培养基培养黑木耳母种效果较差，必须添加其他的营养物质，即通过对 PDA 培养基加富以后，才能满足菌丝生长的需要，以下几种营养添加物效果很好：

①号配方：酵母膏3克，玉米粉30克，硫酸镁1克，磷酸二氢钾1克。

②号配方：蛋白胨3克，玉米粉30克，硫酸镁1克，磷酸二氢钾1克。

③号配方：玉米粉30克，麸皮30克，硫酸镁1克，磷酸二氢钾1克。

在以上添加的营养物中，玉米粉和麸皮的来源很广，一船农户家中都有，购买成本也很低，蛋白胨与酵母膏虽然较贵，但用量很小，购买1瓶能用很长时间，如果买不到，选用③号配方也完全可以。

以上介绍的3种PDA加富培养基的制作程序是一样的，黑木耳母种培养基制作方法均可按下列步骤进行：

第一步，准备工作。试管洗净，试管口朝下摆放沥干水分；制作棉塞，棉塞所用的棉花要选用脱脂棉，一般棉塞长4～5厘米，塞入试管的部分占棉塞总长的3/5。塞入试管的棉塞要紧贴管壁，不留缝隙，不易过紧，过紧透气性差，不便于接种操作；过松则棉塞易脱落或掉入试管内，试管内培养基的水分也易散失。松紧度以提起棉塞试管不会掉落、拔出棉塞有轻微的声音为宜。

第二步，按配方要求准确称取所需物品。首先将马铃薯去皮去芽眼、切成薄片或小块放在锅内，加水约1 200毫升，把玉米粉或麸皮也加入，充分搅拌均匀，然后放在电炉或火炉上开锅盖小火煮沸25分钟，边煮边搅拌。煮好后趁热用双层纱布过滤，如果滤液不足1 000毫升，需加水补足。倒掉废渣，把锅洗净，再把滤液倒回锅内，加入琼脂继续加热，一个方向搅拌至琼脂全部熔化后，再依次加入葡萄糖、酵母膏（或蛋白胨）、硫酸镁、磷酸二氢钾，充分搅拌均匀，趁热分装试管。分装时，尽量不要使培养基粘在试管口，如粘上了，要用湿布擦净，以免粘到棉塞上。如粘在棉塞上，一是灭菌后棉塞与试管易粘住，不易拔出；二是营养液附着在棉塞上易引起杂菌污染。培养基的分装量以试管长度的1/5～1/4为宜，装得太多浪费基质且不好摆斜面，装得太少斜面面积减少且保存时间变短。分装完毕，塞上棉塞，每6支或7支试管捆成一把，试管口棉塞部分用牛皮纸或双层报纸包住，用皮筋或线绳捆紧，口朝上，直立放入灭菌锅的内桶，准备灭菌。

第三步，灭菌。灭菌前先将锅内的水加至需要的刻度，水不要太多，水多易使棉塞浸湿；水更不能太少，如果水少引起干锅，一是损坏高压锅，二是会使试管爆裂。加好水后，盖紧锅盖不能漏气，开始加热，加热到压力表指针指向0.5兆帕时，打开排气阀排出锅内的冷空气，让指针回到“0”的位置，关闭放气阀，继续加热。当加热到指针指向121℃时，开始计时，让压力表的指针一直维持在121～126℃之间，30～40分钟后停止加热。特别要注意的是，此时千万不能打开锅盖，否则锅内突然减压，会使培养基快速上升到棉塞处，甚至冲出棉塞外。应该让锅自然冷却，待压力表指针回到“0”位置后，先打开放气阀确认锅内无压力时再打开锅盖的1/3，让气体逸出，利用余热烘干棉塞，3～5分钟后去掉锅盖，趁热取出试管摆放斜面。试管取出时要注意保持试管口始终朝上，然后再把试管口，即塞棉塞的一端慢慢垫放到木架上，使其成一定角度的斜面，一般摆放到试管内培养基的斜面占试管长度的1/2～2/3为宜。自然冷却后，培养基凝固成斜面状，收起存放。试管培养基内无冷凝水后再使用，提高接种成功率。为了检查灭菌效果，可从中抽取几支试管，在25℃放置5～6天，看斜面上有无杂菌，没有杂菌就可供接种使用；如果有杂菌，说明灭菌不彻底，需重新灭菌，灭菌方法与开始灭菌的方法一样，但时间可缩短一些，保持121～126℃，灭菌20分钟即可。

（2）CYM培养基　葡萄糖20克，蛋白胨2克，硫酸镁0.5

克，磷酸二氢钾0.5克，磷酸氢二钾1克，琼脂20克，pH7。

该培养基实际上与PDA加富培养基中的①号、②号、③号培养基相似，但在制作上不用煮马铃薯片和玉米粉等，操作比较简单一点。

CYM培养基的制作方法：由于该培养基配方中没有加入马铃薯、玉米粉或麸皮，因此，可以在铝锅内直接加水，加热水开后放入琼脂熔化，然后再加入蛋白胨、酵母膏、磷酸二氢钾、磷酸氢二钾、硫酸镁，最后用1摩尔/升的氯化氢或1摩尔/升的氢氧化钠调整pH到7即可分装试管，以后其他注意事项及方法与上相同。

制作黑木耳固体培养基都需要加入琼脂，琼脂是从海藻中提取加工而成，其主要化学成分是多聚半乳糖的硫酸脂，结构稳定，不易被菌丝分解利用，添加在培养基中是起固化的作用，当它与培养基一起加热到96℃以上时熔化成液体，趁热把培养基分装到试管摆成斜面，冷却到45℃以下后即凝固。琼脂在培养基中的加入量因使用季节或使用目的不同而异，一般在气温较高的夏天添加量为2%～2.5%，其他季节为2%～2.2%，如果是平皿培养基分离单孢用则加入量应为2.5%。琼脂加入量与质量有很大关系，质量越差，凝固性越差，需加入的量也越多。透明的琼脂质量较好，半透明状或乳白状的质量较差，购买时需注意，质量差些的价格也低。根据琼脂质量，制作培养基时要经过试验比较，再确定具体的加入量，加入量过多，则培养基太硬，黑木耳菌丝吃料费劲生长慢；加入量不够，则培养基又较稀软，不便于接种，还易造成污染。

19. 黑木耳母种转接如何操作？

母种转接即通过组织分离、孢子分离（单孢或多孢）获得的优良菌株，必须通过试管的转接，才能进一步扩大繁殖菌丝体，从而满足耳农购买和大规模生产的需要。另一方面，耳农在购买到一级试管母种后，通过试管转接快速地扩大菌丝体，可以降低大量购买试管母种的成本，节约开支，并能满足自己原种生产的需要。为此，掌握母种的转接技术具有很强的实用性，基本操作程序如下：

母种的转接要求无菌操作，按照进入接种间的程序进行消毒灭菌，再把母种和试管培养基带入，接种前，接种台上（接种箱内或超净工作台都一样）要备有酒精灯、打火机、75%酒精、酒精棉球、接种钩、消毒液泡过的湿布等。先用酒精棉球擦洗双手和母种试管的管口部分，点燃酒精灯，用火焰灼烧菌种试管口，灼烧时应不断转动试管口，将试管口上附着的少量杂菌烧死，开始准备接种。接种时左手同时手持母种试管和要转接的空试管，先取掉母种试管的棉塞，母种试管的管口部分不要离开酒精灯火焰上方的无菌区（10 厘米内），右手拿接种钩，在酒精瓶内把接种钩的前半部分蘸一下酒精，抽出后在酒精灯火焰上来回地烘烧接种钩，凡是在接种过程中进入试管的部分全部用火焰烧过，然后把要转接试管的棉塞拔出，接种钩伸入母种试管，先接触一下没有长菌种的培养基部分或试管内壁，稍停留片刻，使之冷却，以免烫死或烫伤菌种，取豆粒大的一小块带基质的菌丝，快速地放入到转接试管培养基的中间，塞上棉塞，即完成一次母种的转接过程。这样反复操作，很快就能完成一支母种的转管，一般一支母种可以转接 20～50 支试管。具体转接的数量，根据需要来定，需要量少时，可以把一支母种分成几次使用，即这次用不完，塞上棉塞，保存在冰箱内 5～6℃，以后再用。

母种的转管接种是一个熟练的过程，实际上并不难，练上几次就可以完全掌握。在接种时应注意，如果棉塞被酒精灯烧着，千万不能用嘴吹，应用无菌的湿布捏灭。此外，接种过程中，接种针不要烧的太热，否则会把母种基质与接种钩粘在一

起，基质粘在接种钩上不易掉下，这时可把接种钩在斜面培养基上划几下，如果菌块还黏着不下，应抽出接种针，用酒精棉球擦净接种钩，再在酒精灯上烤干，继续接种。整个过程都要快速、准确、熟练，然后将接好的试管贴上标签，注明菌种名称和接种时间，放在适宜条件下培养以便长满斜面，即为母种或试管种。

20. 母种培养过程中需要注意什么？

接种后的试管，6支或7支一捆，重新用无菌的牛皮纸或报纸将试管的上部棉塞包扎好，放入23～25℃的培养箱进行恒温暗培养。如果没有培养箱，可放在一个遮光的纸箱或木箱内，再把纸箱或木箱放入培养室或其他干净清洁、温度适宜的房间进行培养。正常情况下，培养7～15天菌丝就可长满试管斜面，让菌丝继续生长2～3天，就可继续转接原种。如果暂时不用，应待菌丝未长满试管时取出，保存在4～6℃的冰箱中。

培养过程中，要尽量保持温度的恒定，如果温差较大时，试管斜面会出现波幅不齐的菌落。培养温度不宜过低，低于15℃菌丝生长很慢，培养温度不宜过高，高于28℃菌丝生长虽然快，但菌丝较细弱，不够健壮。

培养过程中，要经常检查菌丝的生长情况，仔细观察培养基斜面是否有杂菌污染，特别要注意细菌的污染。如果是霉菌污染，培养基斜面上会出现不同颜色的霉菌孢子，根据颜色的不同很容易判定杂菌的污染。而细菌污染则不同，在它发生不严重时，仅在培养基表面出现泡状的小点，菌丝生长快时，菌丝会把它盖住，致使我们不容易发现。但是，这种被细菌污染带上杂菌的试管，如果被用来继续转管，会使更多的试管被污染，造成较大的损失。污染的试管继续转接原种，表现为菌丝萌发后，生长迟缓，在培养料中出现“白斑”，菌丝只能绕过它去才能继续生长。

21. 黑木耳菌株分离纯化培养有哪些方法？具体操作步骤是什么？

黑木耳菌株分离纯化培养是在无菌条件下获得黑木耳纯菌丝体的过程。分离纯化得到的纯培养菌株即母种，母种的质量是黑木耳菌种生产的基础和关键。黑木耳菌株的分离纯培养的方法，主要有以下孢子分离法、组织分离法、耳木分离法和基内菌丝分离法4种：

（1）孢子分离法 黑木耳孢子分离法是在无菌操作下，将孢子在适宜的培养基上萌发成菌丝体而获得纯培养的方法。孢子数量大，可提供选择优良菌株的机会较多，而且孢子的生命力强，所得菌种菌龄短，生活力旺盛，但孢子是黑木耳有性生殖的产物，存在变异，孢子分离法获得的纯培养必须经过品种比较试验，选择生产性状优良、稳定的纯菌丝体用于菌种生产。黑木耳属于异宗配合的菌类，应采用多孢分离法，否则菌丝不育，培养成的菌丝体不能产生黑木耳子实体，不能用作菌种。孢子分离法步骤按以下方法进行：

①种耳的选择和处理。种耳应从菌丝体生长快速、长势强，无病虫害，出耳均匀及高产的耳袋或耳木上挑选具有本菌株典型特征的子实体，黑木耳子实体选择朵大、肉厚、背面褶皱多、色泽纯正、健壮、八分成熟的鲜耳。将新鲜耳片用无菌水冲洗数次，然后用无菌滤纸吸干耳片上的水备用。

②钩悬法孢子收集。在接种箱内或超净工作台上，将上述处理的耳片背面朝下吊在钩上，钩的另一端吊在三角瓶口上，塞上棉塞，耳片距三角瓶培养基2～3厘米，25℃下培养24小时后，

即可在三角瓶底部见到孢子印。此时取出耳片，塞好棉塞，继续培养或把孢子转接到试管中培养，从而得到黑木耳菌种。

(2) 组织分离法 黑木耳组织分离法即采用黑木耳子实体一部分组织培养成纯菌丝体的方法。该方法属于无性繁殖，菌丝生长发育快，能够保持母本性状。组织分离法步骤按以下方法进行：

①种耳的选择。选择头潮、朵大、肉厚、背面褶皱多、色泽纯正和健壮的六七分成熟的鲜耳。

②种耳的消毒。鲜耳采摘后，去除耳体表面杂质，在阳光下暴晒30分钟，耳片边缘微内卷，用无菌水冲洗3～5次，再用无菌滤纸吸干表面的水分。

③切块接种。用消过毒的解剖刀，将黑木耳子实体纵切一刀，撕开后用接种针挑取中间一小块组织，接在斜面培养基的中央。一般一个子实体可以分离6～8支试管。一般每次接种在30支以上，以供选用。

④培养纯化。在适温下培养2～5天可看到组织块上长出白色绒毛状菌丝体，移接到新的培养基上，再经过7～15天的适温培养，长满试管后即为黑木耳纯菌丝体菌种。

⑤出耳试验。将分离得到的试管种扩大繁殖，并移接培养成原种、栽培种，做出耳试验，选出亲本优良性状保持好的菌株，即可作栽培生产用种。

(3) 耳木分离法 耳木的选择，在黑木耳子实体生长的初期和盛期，在已经生长过黑木耳子实体的耳木上，选择生长健壮的子实体且周围无杂菌的部分，用锯截取一小段，用无菌水把耳木表面的杂物洗净，然后风干或充分晾干，使菇木干燥。在分离之前，先把耳木通过酒精灯火焰，重复火燎过数次，烧死表皮上的杂菌孢子，再用75%酒精表面消毒。组织块必须从耳木中菌丝蔓延生长的部位选取，用无菌解剖刀挑取一小块耳木组织，接入PDA加富培养基上，挑取的组织块越小越好，可减少杂菌污染，提高分离成功率，在 25℃左右恒温暗培养 2～3 天后，耳木条上长出白色菌丝，再培养 15 天左右，菌丝就可长满试管。

(4) 基质分离法 选择黑木耳子实体出耳早、产量高、品质好、无病虫害的栽培瓶或栽培袋，待黑木耳子实体长至八分成熟时，从中筛选出最佳的一瓶或一袋，去掉子实体，然后用 75% 的酒精消毒整个栽培瓶（袋），同时将接种工具和待接培养料一起放入接种箱内，用甲醛熏蒸消毒。分离时，去掉料面老菌丝，用接种针挑取一小块长有菌丝的培养料，接入试管内，适宜温度下培养。选取菌丝生长良好的试管转管纯化。

22. 如何检查与鉴定黑木耳母种质量？

母种质量的优劣，直接关系到栽培的成败和产量的高低。因此，把好母种质量关，是黑木耳栽培技术中的首要环节。

母种质量的好坏，有两方面的含义：一是菌株本身的特征，是由品种的遗传性决定的。自己选育的菌株，经过反复的出耳试验，其菌株特性十分清楚。如果是引进的品种，那么引进品种的生物学特性、产量和品质等栽培性状到底如何，是否适合当地的气候和栽培方式，不能单凭菌丝的生长快慢和长势来判定其优劣，必须通过出耳试验才能明确。二是菌种的优劣，除了受菌株遗传性影响外，更主要的是与制种技术和栽培条件有关。即便选用的是优良菌株，由于受各方面因素的影响，比如消毒灭菌不彻底，操作不规范，或培养基质、温度、通风、水分等没有满足要求，生产出来的菌种就可能有污染，或者是菌丝长势弱，这样的菌种不能发挥出优良菌株的特性。因此，必须在母种转管后对其质量的优劣有一个基本的判断，以确保母种菌丝在进入下一个生产环节后是绝对没有问题的。

准确地鉴定母种质量的优劣是一项细致的工作，除了要靠积

累的知识与经验，通过肉眼的观察进行鉴定外，在必要的时候还需借助显微镜的观察，才能做出明确的鉴定。具体来讲，黑木耳母种质量的鉴定可从以下几方面进行：

（1）菌种纯度 菌种纯度越高越好，纯度是鉴定母种质量优劣的首要标准，所谓纯度有两层含义：一是所用的菌株要纯，除了它应具有的稳定的遗传性状外，还要求它不存在隐性污染的问题。隐性污染由于症状不明显，而且鉴定难度大，往往易被人们所忽视。一般来讲，在培养基上没有发现任何杂菌，培养基的配方营养及培养环境条件也没有问题，而且转管后菌丝萌发很好，初始生长也不错，但以后菌丝却是越长越弱，这种情况下就应该怀疑存在着隐性污染。它与菌种的老化或退化还不同，隐性污染的菌丝萌发较好，而菌种老化或退化后，菌丝的萌发力就非常弱。隐性污染的机理比较复杂，有可能是病毒，但缺乏直接的证据，有待以后的进一步研究。二是要使用没有感染任何其他杂菌的纯培养基转接母种。凡是在接种前或接种后，培养基中出现白色、红色、绿色、黄色、黑色等各种不正常的颜色时，即使培养基中有一个很小的“黄斑”或其他色泽的斑点，都说明母种已被污染，必须废弃，如果认为再接种时，可以不动斑点，只把菌丝转接过去会没有问题，但由于霉菌生长迅速，这些斑点就是它们产生的孢子，孢子很小，大约只有几个微米，孢子很轻，它会随着空气到处传播，当去接这种菌种时，实际上，霉菌的孢子已落在了要转接的培养基上或附着在了接种钩上，转接后这些孢子会在新的培养基上萌发，从而造成了新的污染。除了霉菌的污染外，细菌的污染也不能忽视，细菌污染主要是在培养基上出现浅白至淡黄色的泡状、黏糊状或片状的东西，一般在试管未接入菌种前，培养基上出现的是浅白色的泡状或片状物；接入菌种后，则主要是在接种块旁或周围出现淡黄色的黏糊状物。若菌丝生长快，菌丝就会很快把细菌污染物给盖住，如果不及时观察发现，就会漏过去，转接原种后，会使培养料发酸、发臭，严重影响菌丝的生长。

(2) 菌丝长势 菌丝长势是指菌丝生长的快慢和强弱，黑木耳母种培养中菌丝生长健壮，生长速度快，菌丝旺盛，菌落边缘整齐的就应该是好菌种；而菌丝生长细弱、灰白，稀疏，菌落薄、边缘不整齐，即使生长速度快，也不是优良菌种。

(3) 菌丝色泽 培养基上菌块萌发长出的首先是白色的菌丝，菌丝沿基质生长开始后的初期6～7天内菌丝为浅白色，这时菌丝生长量大约占试管培养基斜面的60%，随着菌丝继续生长，当菌丝布满整个培养基斜面时成为黄棕色，继续培养则会出现一些子实体。

(4) 菌种的菌龄 菌龄以什么来衡量呢？目前，主要有以下两种计算方法：

①以母种试管转管的次数来计算菌龄。假如以A_1表示母种1代（组织分离获得），那么A_1转接后的试管菌就是A_2即2代母种，如果A_2再转接后就变为A_3。依次类推，A后的数字越大说明菌种的菌龄越大。这样计算的菌龄，如果在各种培养条件相同的情况下，A_1、A_2与A_3的菌丝形态没有什么区别，用肉眼是辨别不出来的。

由于母种菌丝的转接是无性繁殖的过程，从理论上来讲，只要能满足菌丝生长的需要，它就可以无限制地繁殖下去，但是在生产实际应用上，在每次转管的过程中，受客观条件的限制，存在着许多影响菌丝生长的不利因素，比如隐性污染问题，每多转一次管，都使它发生的概率在增加，转管次数越多、越频繁隐性污染等问题发生的概率就越大。因此，母种继代的次数应该是有限度的，菌龄也不可能无限大，从生产实际积累的经验来看，我们认为母种继代4～6次是可以的，但是，每次继代间隔的时间至少应在10天左右，绝不能连续不停地转管，否则，菌丝长势将变弱。

②以母种培养时间和保存时间计算。即从试管菌转接后就开始算起，菌丝从萌发到长满试管斜面以及以后保存的天数都算菌

龄。比方说两支试管X和Y菌都是A_2，培养时间短菌龄小，培养时间长菌龄就大。假如说X培养时间为10天，但保存时间为20天，加起来一共是30天。而Y培养时间为15天，保存时间只有10天，加起来一共是25天。则这时Y的菌龄小，X的菌龄反而大。以这种方法计算的菌龄，除了培养或保存的时间外，它与培养或保存的温度高低还有很大的相关性，温度高时，菌丝的生长速度较快，菌丝长满试管斜面的时间早，这时菌龄小，但如果继续在高温下生长，生理代谢仍然旺盛，菌丝生长会大量消耗基质的营养，不仅加快了菌丝衰老，培养基也会干涸，虽然说时间短，但实际上菌丝已经老化。因此，试管菌的菌龄除了时间的概念外，还有重要的形态指标，就是看菌丝的萎缩形态与培养基的干涸程度。凡是菌丝萎缩或培养基已经干涸的，不管它培养时间长短，都是菌龄过大的菌种。

检验菌龄的大小还有一个重要方法，就是通过显微镜观察菌丝上产生的分生孢子多少，以及分生孢子萌发力的大小。黑木耳菌丝体在不同培养阶段，都会产生大量的分生孢子，而不同阶段产生的分生孢子其作用也不同，母种上产生的分生孢子萌发后，其菌丝与母种菌丝结合后对转管后的菌丝复壮有促进作用，但在出耳菌棒后期产生不易萌发的大量分生孢子，堆积在菌丝扭结处对子实体产生却有抑制作用。分生孢子随着菌丝体生长期的延长逐渐增多。在试管母种菌丝长满斜面的初期，分生孢子产生较少，但在继续保藏10天、20天、30天后，分生孢子的产生量逐渐增多。原种瓶和出耳菌棒同样在菌丝长满瓶或袋初期产生较少，后期则大量产生密集成堆的分生孢子。进一步通过平皿培养后，结果发现从试管母种菌丝上散落的分生孢子较易萌发，但保藏时间较长，超过3个月的一些试管母种，以及从原种和菌棒菌丝上散落的分生孢子则较难萌发，这说明随着菌丝从母种→原种→菌棒生长过程中自然菌龄的延长，在不同阶段产生的分生孢子萌发率逐渐降低。

菌龄大小对生产的影响，主要表现在菌种随着培养时间的延长，其生理活性会逐渐降低，菌龄越大，生理活性越低。如果把菌龄大的菌种，继续转接试管或原种，则其萌发力就不如适龄的菌种强。一般菌丝长满试管斜面后在5～6℃保存条件下，转接原种试管菌的适龄为15～20天，菌龄最多不超过45天；转接试管的母种适龄是20～60天，菌龄最多应不超过90天。

综上所述，母种质量的检查与鉴定是一项系统性的工作，通过对母种质量的检查与鉴定，可以加深对黑木耳母种菌丝特性的了解，发现母种制作中存在的问题，不断总结培育优质菌种的经验。母种质量的好坏，从菌丝纯度、长势、色泽与菌龄上可以基本判定其优劣，但最可靠的方法还是通过栽培出耳的实践。因此，在大规模生产前，可以先做试验，把优良的菌种留下来继续使用，不好的菌种要坚决淘汰，不能存有侥幸心理，不能舍不得，否则会造成更大的损失。在生产上，有的耳农就是因为觉得扔了可惜，凑合着用的心理，结果事半功倍，走了好多弯路，不仅受到了损失，也耽误了生产时机。

23. 母种保藏的意义是什么？常用的方法有哪些？

菌种保藏要根据菌种的生理、生化特性和遗传性能，创造特殊环境条件抑制其新陈代谢活动，达到短期、中期及长期菌种保持生活力和基本特性。目前，在生产上主要采用的是低温、干燥、冷冻和隔绝空气的方法，通过抑制菌丝的呼吸作用和生理代谢，使之处于近休眠状态，从而达到既延长保藏时间，又能保持菌种的纯正，防治其衰退和灭种的目的。通过母种保藏不仅可以保藏野生菌株、常用菌株和引进菌株为科研或生产所用，而且可以对适合当地气候条件与栽培技术的优良菌株进行长期保藏，防

止绝种。因此，母种的保藏至关重要，这就要求母种在经过较长时间的保藏后，不仅要保持原有的生活能力，不能死亡；而且应保持原有的优良性状和生产性能，不发生变异或少发生变异；还要保证菌种纯度，没有杂菌污染。母种的保藏主要由以下几种方法：

(1) 继代保藏法 该法采用试管斜面培养基保藏在冰箱内4～6℃的冷藏间，不需其他特殊设备，可以方便地观察所藏菌株的情况，保藏时间一般在9～12个月之间，因而需要每隔3～6个月就需转管继代培养1次。其具体步骤与要求如下：

①制作培养基。采用 PDA 加富培养基或 CYM 培养基，配制方法与前述一样，但在分装培养基时，给试管内灌装的培养基量要略多一点，目的是在灭菌后摆放斜面时，在试管底部存有较多的培养基，这样有利于在保藏过程中不断供给菌丝所需的养分和水分，避免培养基的干涸。

②保藏方法。把需要保藏的黑木耳菌株，菌丝前端切割接种培养基上适温下培养，当菌丝还未长满斜面时，选择3支以上菌丝生长健壮的试管菌种，每支试管的试管口都要用防潮牛皮纸和塑料膜双层包扎，标记好名称、转管代数和日期，即可放入4～6℃的冰箱冷藏室保藏。

③注意事项。在保藏过程中，需要注意的是不要经常随意地翻看保藏的菌种，一般情况下，应每隔两个月左右定期检查1次，或者在停电时进行抽检。在保藏过程中，冰箱内的湿度太大是影响保藏的主要不利因素，因此，可在冰箱内放上干石灰粉等干燥剂，降低湿度。在定期的检查时，要用干布擦去冰箱内壁上的水汽并换上新鲜的干燥剂。

④继代培养问题。斜面低温保藏的菌种到了保藏期后需要重新转管，即继代培养。继代培养时应改变培养基的配方，即使用与上代不同的培养基。在前述中，PDA 加富培养基有几种配方以及 CYM 培养基都可以交替使用。实验证明，不论是在平时的

转管培养中，还是在保藏菌种的转管培养中，不断改变适宜菌丝生长的培养基成分，使培养基的营养物质在上下代之间达到互补，非常有利于保持菌丝的健壮生长。

继代培养时为了预防出现差错，如出现污染或菌丝萌发较差等问题时，有可能使菌株报废而绝种。因此，转管时一定要加倍转接试管，至少接6支以上。另外，不要把菌种全部转接出去，应在原试管内保留一部分继续保藏。看一看转接的试管有没有问题，如果有问题，应先找出原因，再把保留的原菌种取出转接、培养。同时在原试管内应继续保留一部分菌种，防止出现新的问题，直到确认继代培养的菌丝长势与原菌株没有差异时，才能决定是否废弃保藏的原菌株。

继代培养时一定要标记好保藏菌株的名称、转管代数、操作人员与日期，要与原菌株逐管比对，确实无误后再行存放。继代培养不宜太频繁，因为继代次数越多，出现污染的概率就越大，而且菌株也易发生退化。因此，对于在生产上要经常使用的菌株，可根据实际情况，在母种第一次保藏时，尽量多做一些试管进行保藏，或采用不同的菌种保藏方法。然后结合生产需要分批取出，扩大转管用于生产。为了减少继代培养的次数，斜面低温保藏可与麦粒菌种或木屑菌种保藏等结合起来，因为麦粒菌种和木屑菌种的保藏期可达到18个月左右。在有条件的情况下，还可采用液氮低温等能够使母种保藏更长时间的方法。不同保藏方法的结合使用，不仅使原始菌株的保藏更安全，不会因一种保藏方法的失误导致菌株的绝种，而且，通过有计划地保藏和合理的使用，能使生产用种保持在前几代的水平上，有利于菌株优良性状的发挥，大大降低了由于菌种繁殖次数太多，可能引起菌株退化或老化。

（2）麦粒菌种保藏法 选择新鲜、籽粒饱满、无霉变、无虫害的小麦粒，在水中浸泡5～8小时，然后用小火焖煮上15～30分钟，麦粒煮至中间无白心即可。焖煮好后，捞出控去多余的水分，稍加晾干即可装入试管，装入量可占到试管长1/4～1/3，装好后塞上棉塞，再用牛皮纸和塑膜双层包扎，放入高压锅灭菌，保持121～126℃灭菌1.5小时。灭菌冷却后，无菌操作下，接入需要保藏的菌种，标上菌名、转管代数和日期，适温下暗培养。

麦粒种在自然温度保藏时检查比较方便，可以随时查看。如果是在冰箱保藏，则需要定期检查，具体检查方法和注意事项与斜面试管的保藏基本一样。

麦粒种在自然温度下可保藏8～12个月，在冰箱低温下可保藏18个月左右。麦粒菌种在保藏后的转接非常方便，它可以转接到母种培养基上，也可以转接到原种培养基上，因此可以直接生产出原种。

（3）木屑菌种保藏法 黑木耳为木腐菌，菌丝生长过程中能够很好地利用木质素，因此在木屑培养基上生长良好，完全可以用其来保藏菌种。制作与培养方法如下：

选择阔叶树硬杂木的木屑，先暴晒几天，然后按木屑70%、麸皮25%、蛋白胨（或酵母膏）2%、白糖2%、石膏1%的配比，先把木屑加水拌起，充分吸水后再把麸皮、蛋白胨、白糖与石膏拌在一块后加入到木屑上，充分搅拌均匀，含水量55%～60%，即用手紧握培养料指缝间有水出现而不滴下，pH保持7～7.5。培养料配好后装入试管，右手拿住试管的上部，把试管的底部轻轻地在左手心蹾上几下，使培养料下沉不至于太松，但培养料也不要太紧，装入量占试管长度的1/4～1/3为宜，装好后擦净试管内外，特别是试管口，塞上棉塞，再用牛皮纸和塑膜双层包扎，放入高压锅灭菌，121～126℃保持2小时。灭菌冷却后，在无菌条件下，接入需要保藏的菌种，注明菌种名、转管代数和日期，适温下暗培养。

当菌丝体快生长到试管的底部时，如果在自然温度下保藏，即可停止培养，重新把试管包扎好，试管外再用双层报纸包住，放在阴凉、干燥、温度变化小的地方保藏。如果是在冰箱低温下保藏，要等到菌丝体长满了木屑培养基时，才可停止培养，重新把试管包扎好，装入牛皮纸信封保藏。

木屑种与麦粒种一样，在自然温度保藏时检查比较方便，可以随时查看。如果是在冰箱保藏，则需要定期检查，具体检查方法和注意事项也与斜面试管的保藏基本一样，可参照去做。

木屑种在自然温度下可保藏10～12个月，在冰箱低温下可保藏18个月左右。木屑种在保藏后继代培养时，由于木屑种萌发速度慢，因此，应先转接到斜面母种培养基上，使菌丝的生长能力逐步得到恢复后，才可以继续转接到其他培养基上保藏。

（4）矿物油保藏法 用液体石蜡油加入覆盖斜面试管保藏菌种的方法。液体石蜡油无色、透明、黏稠、性质稳定、不易被菌丝分解，用于覆盖在斜面菌种之上，可以隔绝空气，防止培养基干涸，抑制菌丝的代谢活动，推迟细胞老化，从而达到长期保藏菌种的目的。

具体作法如下：将需要保藏的黑木耳菌种接到培养基上，选用PDA加富培养基，在适温下培养至菌丝将要长满斜面备用。液体石蜡油经121℃高压灭菌1小时，放入干燥箱中150～170℃温度下干热1小时以上，液体石蜡油水分完全蒸发呈透明状为止，冷却至室温后，在无菌接种箱或超净工作台上，在无菌操作下用吸管吸取液体石蜡，分别注入要保存的各个黑木耳菌种试管内，注入量以淹过斜面1厘米为宜，然后用无菌橡皮塞封口。在室温条件下或4℃冰箱中垂直放置保藏，可有效地保藏4～7年，每1～2年应转管1次。使用时可不必倒去石蜡油，只要用接种针从斜面上挑取1小块菌丝即可，但要尽量少带石蜡油。余下的试管中的母种可以继续保藏。由于直接挑取的菌丝沾有石蜡油，生长较弱，需经再次转接活化培养1次才能恢复正常生长。这种方法保藏菌种的缺点是必须垂直放置菌种试管，运输、邮寄不便；因液体石蜡油易燃，在转接操作时应注意安全，防止烧伤皮肤或引起火灾。

24. 黑木耳菌种退化、老化的症状及原因是什么？

在黑木耳生产上，菌种的退化是指黑木耳菌丝体的生长速度、长势、出耳率、耳片产量和品质出现明显下降的现象。

黑木耳菌种退化的症状在生产上的主要表现有3种：一是菌丝体生长阶段正常，但出耳性能下降，表现为出耳推迟、出耳量减少、肉质变薄、产量低等；二是菌丝的萌发和初期生长正常，菌丝生长速度减慢，菌种退化的症状逐步显现，到了出耳阶段时黑木耳原基分化慢、幼耳死亡多、畸形耳增加，产量与品质均与正常木耳出现较大差异；三是在菌丝生长阶段一直表现出衰弱的状态，菌种退化的症状十分明显，表现为生长速度慢、长势弱、抗杂菌能力显著降低污染率增加，产量大幅减产。

菌种退化的原因是由于菌株出现遗传性的变异造成的。从遗传学角度可分为两种：一种是个体的变异，首先是在少数个体中发生一次或是轻微变异，这次变异对它的影响较小或者是几乎没有影响，因此，不会有任何的症状。但是，在发生第二次或多次的变异后，随着变异次数的增加或者是有害变异的累加，使这些个体的遗传基因产生突变，生理代谢途径也随之改变，表现出了菌丝生长发育迟缓和产量下降的明显症状。另一种为群体的变异，当产生遗传基因突变或者是有害变异的个体在菌株群体所占比例很小时，这时菌株不会表现出明显的退化症状，但是，当产生遗传基因突变或者是有害变异的个体在菌株群体中显著增多并占了很大比例，菌株就会表现出明显的退化症状。

在生产过程中引起变异的因素主要有以下几种：一是自然变异，是一种不可抗拒的变异。黑木耳菌丝体在细胞分裂过程中，如果菌丝细胞内的某个细胞核发生变异，则变异的细胞核将随着细胞的分裂而不断增殖，当变异细胞核占有较高比例后，可能会引起双核菌丝的单核化，由于单核菌丝不具有结实性，致使子实体不能产生。另外，变异核可能会影响锁状联合的顺利进行，从而也将影响子实体的产生。如果这样的菌丝继续转管就成为退化的菌种。二是环境变异。在黑木耳生长发育过程中，遇到不良的环境条件时，如天气急剧变化、病虫害的侵袭等，在恶劣环境的胁迫下，一方面菌丝细胞为了抵抗恶劣环境或者更好地适应环境，会改变其代谢途径，可能会产生有害物质，当积累到一定浓度时，不仅对病原菌产生较强的抵制作用，对自身的生长发育也将产生不利影响；另一方面，如果病菌侵染菌丝后，再与菌丝细胞争夺养分的同时，也会分泌大量的有毒有害物质，干扰或阻碍菌丝细胞的正常代谢功能，菌种退化的症状就会逐步显现出来。三是人为变异。在生产过程中，由于菌种的转管次数太多、太频繁，而且隔代时间太短，使菌丝细胞一直处于分裂的状态，不能贮藏维持自身生存所需的物质和能量，因此，在不断快速分裂的过程中，会造成细胞的发育不良，或者是造成细胞内某个细胞器及一些必需成分的丢失，甚至产生突变，从而影响到细胞的正常代谢功能。细胞发育不全，代谢功能紊乱，必然导致菌丝体出现整体的退化。

在转管培养中，由于长期连续使用同一种培养基，会出现“营养缺乏症”。转管次数越多，菌丝体表现出的“饥饿”感就越强，菌丝细胞中贮藏的营养物质和能量越来越少，逐渐造成细胞分裂能力的降低和代谢失衡，最终将导致菌丝退化。

在黑木耳生产上，菌种老化是指菌种在培养基上生长时间过长，菌丝出现生理机能衰退现象。菌种的老化在某种意义上来讲，实际上是培养基的老化，正是由于培养基的老化，才使得赖

以培养基生长发育的菌丝生理活性降低，逐渐出现老化的症状。因此，菌种的老化主要表现为培养基形态的改变和菌丝生活能力的下降，例如：培养基脱水、变干、内缩；菌丝倒伏稀拉，再萌发能力差；分生孢子大量产生，且不易萌发等。它有以下几个显著的特点及发生的条件：

①菌株特性。菌株的抗逆性、适应性及温性等特性直接决定了菌种老化的快慢。一般来讲，抗逆性、适应性强的菌株和低温型菌株老化慢。此外，菌丝生长粗壮、耐水性强，能够在培养基高含水量条件下生长，并且菌丝体具有良好的吸水性与保水性的菌株老化慢。

②相对的独立性。菌种老化仅发生在个体上，同一菌株的两支试管母种，由于培养时间和条件不一样，一支菌龄太长已老化，而另一支菌龄适宜并未老化。

③不具有传播性。同一支试管母种内，在斜面培养基的不同部位，菌丝老化的程度不一样，一般斜面的上部培养基易干裂，菌丝也易老化；而斜面的中、下部培养基由于贮藏的水分和养分较多，菌丝不易老化。因此，菌种的老化不具有传播性。

④阶段性。菌种的不同培养阶段都会出现菌种的老化。不仅在母种上发生，在原种、栽培种中都可以发生。

⑤可恢复性。老化的菌种在一定程度上还具有可恢复性。一般老化的菌丝通过转接后，菌丝生长正常，就可逐步得到恢复，不会影响到转管的菌种，

⑥培养条件。在相同的培养条件下，培养基材料不同菌种的老化速度也不同，培养基质越丰富菌种老化越慢；菌种老化与温度高低密切相关，温度越高菌种老化越快，温度越低菌种老化越慢；光培养比暗培养菌株老化快；菌种的老化既与菌株本身的特性有关，也与菌种的培养条件、栽培基质有关，但导致菌种老化的直接因素是培养时间，凡是超过培养或保藏时间的菌种都会出现老化，应及时使用或重新转接保藏。

25. 黑木耳菌种退化或老化后如何复壮？

黑木耳菌种退化后，可以通过一些技术措施进行复壮，一般选用具有该品种典型特征的黑木耳子实体进行组织分离，重新获得生长旺盛、活力强的纯菌丝体，这种方法简便易行，周期短，是生产中最常用的方法。

黑木耳组织分离要点：首先，子实体一定要选择无病斑、无虫蛀、菌肉厚实、腹面褶皱多、中等成熟的健壮耳体。选好后、采摘前，不要向子实体喷水，否则，子实体中含水量太大时不利于菌丝的萌发。其次，组织分离时严格按无菌操作的要求去做，但子实体一定要在接种间消毒灭菌后再带进去，而且，子实体最好不要用任何消毒剂处理，如果含水分较多时最好在阳光下晒一晒，当子实体表面不粘手时，直接把子实体撕开两半，挑取菌块转接到试管中培养。菌丝萌发后每天要观察记录温度与菌丝生长情况，通过对其纯度、长势、色泽等方面进行鉴定，最后，通过出耳性能的测试，证明菌株确实得到了复壮才能用于生产，千万不可仅凭菌丝生长的长势就盲目地投入生产。

此外，在组织分离中，要保证组织分离的试管数量在10支以上，扩大选择的范围，不可仅分离两三支试管，这样不利于优中选优。因此，选择的子实体至少要有5个，每个子实体分离两支试管，做好编号，以便于观察对比，逐渐积累经验，为以后的组织分离打下基础。

黑木耳菌种老化后如何复壮？一般来讲老化菌种只是暂时性的一种生理衰退现象，在生产上主要采取以下措施进行复壮：

①选择优良菌株。根据不同的生产季节选用不同温性、抗逆性和适应性强的菌株，菌丝体要有较好的耐水性与保水性，一是

能在含水量较大的基质上生长，二是能保持较长时间的水分，这样的菌株老化慢。

②选用优质培养基。培养基营养要丰富，制作培养基时选用复合式培养基配方，转管保藏时改变培养基成分，或在原有培养基中添加麦芽汁、酵母膏等刺激菌丝生长，提高菌种活力。

③优化培养环境。菌丝生长阶段要遮光培养，培养温度比其适宜温度（21～23℃）低2～3℃，菌丝生长慢但强壮；空气相对湿度高于60%，如果湿度较低时，应通过地面喷水增加湿度，避免培养基内的水分过快蒸发。

④其他注意事项。母种保藏后要及时转管繁殖培养，不要等培养基干涸后才转管扩繁，原种、栽培种暂时不用时也尽量地保藏在低温、黑暗条件下，使用时把瓶口上部较干的菌块挖掉，取中下层的菌种使用。

26. 黑木耳生产中常用的原种培养基有哪些？如何制作？

黑木耳生产时为了扩大繁殖菌丝量，将试管母种接种到培养料中制作原种，使菌丝逐渐适应新的培养基质。黑木耳生产中常用的原种培养基主料有麦粒、玉米粒、木屑、枝条（或冰棍棒）等，添加的辅料有白糖、麸皮、米糠、石膏等。这些原料可按以下配方配制：

(1) 麦粒培养基 麦粒99%+石膏1%。

制作方法：麦粒是制作原种的较好材料，由于麦粒营养丰富，颗粒大小适中，吸水性、透气性较好，接种后黑木耳菌丝生长快、粗壮有力，菌丝量多。制作麦粒原种首先要选用籽粒饱满、新鲜、干净、无霉变的麦粒，在水中浸泡5～6小时让它吸足水分，再捞入开水中焖煮15～30分钟，当煮至麦粒掰开中心无白心时即可，捞出，空去多余的水分，加入适量石膏拌匀，就可装瓶。麦粒装至瓶肩为宜，装好后把瓶口擦干净，然后盖上塑膜和瓶盖进行灭菌。高压灭菌在121～126℃下保持1.5～2小时，常压灭菌需6～8小时。

(2) 玉米粒培养基 玉米粒94%+麸皮5%+石膏1%。

制作方法：玉米粒颗粒较大需要加入适量麸皮，可以减小颗粒间的空间，更有利于菌丝的生长。玉米粒原种的制作同样首先要选用新鲜、干净、无霉变、籽粒饱满的玉米粒，在水中浸泡18～24小时，由于玉米粒表皮较硬故在水中浸泡的时间要长，当表皮泡软并吸收了一些水分后，捞入开水中煮25～60分钟，以焖为主，不要将玉米粒煮开花。当煮至玉米粒掰开中心无白心时，捞出空去多余的水分，加入麸皮、石膏拌匀装瓶。装瓶至瓶肩，把瓶身及瓶口的内外擦净，然后，盖上塑膜和瓶盖进行灭菌。高压灭菌在121～126℃下保持2～2.5小时，常压灭菌需8～10小时。

(3) 木屑培养基 木屑78%+麸皮20%+白糖1%+石膏1%。

制作方法：木屑培养基应先将木屑加水，待木屑吸足水后，再添加麸皮、白糖、石膏、磷肥等辅料，含水量控制在60%以下，宁少勿多。木屑、棉籽壳培养基混合后加水搅拌均匀，然后再按配方比例加入白糖、麸皮、石膏、磷肥，含水量控制在63%～65%，即用手紧握指缝间有水滴下为宜。装料容器一般广口塑料瓶或菌种袋，装料时边装边压紧，装至瓶肩即可，装好后用细木棍在瓶中间扎一个约1厘米直径的圆洞，圆洞要通至瓶底。然后，把瓶身及瓶口的内外擦净，瓶口采用双层封口，第一层为聚丙烯膜，先在聚丙烯膜中间剪出直径约1.5厘米大小的圆洞，装料后先把它盖上，并用皮筋扎住，然后再盖上瓶盖进行灭菌。高压灭菌在121～126℃保持2～2.5小时，常压灭菌需8～10小时。灭菌结束后，取出冷却至25℃以下，在无菌操作下接

入菌种，接种时只需把瓶盖打开，从塑膜的圆洞处把母种接入，再迅速把瓶盖盖好即可。

(4) 枝条（或冰棍棒）**培养基** 枝条88%+麸皮10%+白糖1%+石膏1%。

制作方法：枝条（或冰棍棒）原种具有接种方便快捷的优点，但制作过程中装袋比较烦琐，一般枝条（或冰棍棒）可通过向生产单位采购获得。制作过程如下：首先把枝条（或冰棍棒）在水中浸泡48小时，待枝条（或冰棍棒）充分吸足水分后捞出，然后把麸皮、白糖、石膏充分拌匀，再把枝条（或冰棍棒）放入搅拌，使枝条（或冰棍棒）上都沾上麸皮、白糖、石膏的混合料，最后把枝条（或冰棍棒）整成小捆，竖立装入菌种袋中，要求枝条（或冰棍棒）在袋中不能松动，装满袋为止，然后在上边覆一层0.5厘米厚的麸皮、白糖、石膏混合料即可封口灭菌。灭菌结束后，取出冷却至25℃以下，在无菌操作下接入菌种，接种后在23～26℃进行培养。

27. 黑木耳原种接种和发菌培养应注意哪些事项？

灭菌后的原种瓶接种时应严格按照无菌操作规程进行，需要注意的是接种时母种试管口不要离酒精灯火焰太近，否则，易把试管烧裂或菌种取出时烫死菌丝，保持在酒精灯上方10厘米范围的无菌区即可。接种钩也不能烧的太热，不然也易把菌丝烫死或附着在接种钩上不易掉下。

接种过程最好两个人配合进行，一人打开原种瓶的瓶盖，另一个人从母种试管中挑取菌种，两个人要配合好，开盖与挑取菌种同时进行，打开瓶盖的同时正好菌种也取出能及时放入瓶内。不要开盖过早等菌种，也不要过早取出菌种等开盖，尽量缩短原种瓶开盖后和菌种在空气中的暴露时间。接种过程中如菌种掉在瓶外，就不能再拣起放入瓶内，如掉在塑膜盖上要用接种钩钩入，不能用手拨入。一般18毫米×180毫米的试管母种可转接5～6瓶原种，20毫米×200毫米的试管母种可转接8～10瓶原种。

原种接种后要做好标记，标记好接种时间、接种品种、操作人员后放在培养架上培养。培养室要干净卫生，在菌种放入前，就要对墙壁、床架、地面进行彻底的消毒。培养初期温度控制在24～26℃之间，以促进菌丝的定殖萌发，当菌丝开始吃料后，温度要逐渐降至21～23℃，有利于菌丝的健壮生长。原种菌丝体的生长要求在黑暗条件下培养，因此要用黑布做窗帘遮光，当检查菌种生长情况时可使用手电观察。

在原种培养过程中，有的瓶内底部可能有积水，如只有轻微积水，菌丝还能生长下去，如积水较多则会影响菌丝继续向下生长，这时应把原种瓶倒置过来，让瓶口朝下菌丝可继续生长。要定期检查菌丝的生长情况，一是要看菌丝是否萌发，在24～26℃条件下，一般在第二天菌丝就会萌发，第三天就可看见萌发出的白色菌丝。如果接种3～5天后还看不到菌丝萌发，可能有几方面的原因：如果瓶内菌块看不到，有可能是菌块掉进了培养基的洞内，也有可能是漏接了菌种；接种时瓶内温度太高烫死了菌种；接种时试管离酒精灯太近或接种工具烧得太热烫死了菌种。不管哪种原因造成菌丝没有萌发，都需要及时补接菌种。二是要看菌丝是否开始吃料，一般菌丝萌发就会沿栽培基质向四周扩展。如果菌丝不吃料，菌块周围又没有污染，仅在菌块上形成絮状的菌丝团时，说明培养基pH太高；如果菌丝萌发后又出现“退菌”现象，即菌丝不仅不向四周扩展，就连菌块上的菌丝也越来越少，而菌块周围又没有污染时，说明培养基pH太低或者是含水量太低。三是看瓶内是否有杂菌污染，如果在瓶壁上、瓶口和菌块旁出现绿色、黑色、黄色等不正常色泽的斑点，说明菌种已受到污染，应及时拣出，在室外把斑点挖掉埋入土中，剩下的部分培养料掏出重新利用。

28. 黑木耳原种污染的原因有哪些?

造成黑木耳原种污染的原因主要有以下几方面的问题：

(1) 灭菌问题 黑木耳原种培养料灭菌时间、温度没有达到要求，灭菌不彻底造成原种污染，杂菌在原种培养料周围生长。高压灭菌操作时要排净锅内的冷空气，否则压力虽然达到了要求的范围造成假压。由于锅内冷空气的影响，温度也达不到标准要求。在正常情况下锅内的温度可以达到121℃，如果没有排除冷空气时，锅内的温度就低于121℃，相同灭菌时间，灭菌温度达不到造成灭菌不彻底。高压锅并不是靠压力灭菌，而是在高压下温度可以升得更高，温度达到一定数值时灭菌的效果才好。如果采用常压灭菌时，灭菌灶内也要排净冷空气，当温度达到100℃以后开始计时，中火保温6～8个小时，最后大火猛攻一次，停火后不要立即取出菌种瓶，再焖上3～4个小时效果更好。

(2) 原料问题 培养料要选用籽粒饱满、新鲜、无霉变、无虫害的材料，包括主料和辅料，如果原料中有霉变，特别是玉米粒中的霉变，杂菌被包在玉米的种皮内，起到了保护杂菌的作用，即使在高压灭菌也很难把霉菌孢子杀死，因此选用谷粒制种一定要仔细地把发霉的颗粒拣出。棉籽壳中，由于脱仁不干净，有些棉籽内的棉仁发霉后，同样也很难在高温下把它杀死。遇到这种情况，发霉棉仁的拣出是非常困难的，可采取的办法是先把棉籽壳堆积发酵2～3天，一是让棉籽发芽顶破种皮；二是让杂菌孢子萌发，这样杂菌在高温下就很容易被杀死。此外，如果制种时正好在夏季的高温季节，培养基的pH在装瓶前要调高至7～8，而且装瓶后要尽快灭菌，不要放置太长时间，否则培养基会在细菌的作用下酸败发臭，pH也会很快下降，不适宜菌丝的生长。

（3）菌种问题 在接种块上发生霉菌污染时，可能菌种本身带有杂菌或者接种操作没有严格按照无菌操作流程。这种情况大部分是由于试管母种在储藏过程中，棉塞受潮发霉产生的霉菌孢子落在了培养基上，孢子很小肉眼看不见，但是仔细观察棉塞时，可以看到有绿色、黄色或黑色的小点，这样的母种试管就不能再使用，也不要在接种时拔出棉塞，否则棉塞上的杂菌孢子会散播在接种室内空气中，污染室内环境。应当把试管拿出室外，拔出棉塞烧掉，培养基掏出埋入土中，空试管及时洗净晾干备用。

（4）接种操作问题 在瓶口或接种块的附近发现杂菌斑点时属于接种操作的问题。接种操作不当或接种间消毒不彻底，在接种的同时杂菌也进入瓶内。注意事项，除了接种间要彻底消毒、两个人接种要配合熟练外，还应在接种过程中不要随便出入，不要随意走动，不要说话、抽烟等。

（5）瓶盖问题 在菌种瓶灭菌后，由于高温易造成皮筋断裂，当从灭菌锅内取出菌种瓶对，不小心就会把瓶盖掉在地上，使培养基直接暴露在空气中，空气中的杂菌有可能落在瓶内产生污染。因此，灭菌后取瓶时，要先看瓶盖是否完好，皮筋有没有脱落。瓶盖有破裂的要换上事先灭过菌的，皮筋脱落的要及时用皮筋把瓶盖重新扎好。

（6）环境问题 在高温、高湿的环境下发菌，也易引起菌种的污染。因此，培养过程中如遇到突发的高温、高湿天气，要加大培养室的通风换气，降低温湿度。培养室温度过低，菌丝生长太慢，不能及时封住料面生长杂菌，发菌初期发菌室温度控制在26℃左右，有利于菌丝定殖、封住料面。

29. 黑木耳原种质量的优劣从哪几方面进行鉴定?

原种培养在适温下，一般25～35天菌丝可长满瓶，不同栽培基质黑木耳菌丝生长时间也不一样，以木屑、棉籽壳为基质原种生长较快，20～25天就可长满瓶；木屑为基质原种生长较慢，28～35天才能长满。从菌种质量来看，以木屑、棉籽壳为基质，原种菌丝生长健壮；以木屑为基质，原种菌丝生长较差。

原种质量具体的鉴定指标与母种基本一样，也是从纯度、长势，色泽、菌龄等几方面来鉴定，具体鉴定方法如下：

(1) 纯度 主要是看有没有杂菌污染，如果在菌种瓶的瓶壁、瓶口等不同部位发现有杂菌斑点，污染的原种绝对不可使用。

(2) 长势 观察菌丝的生长速度、粗细及菌丝尖端生长情况，凡是菌丝生长均匀、粗壮的为优良菌种，菌丝生长慢且细弱的为较差菌种。

(3) 色泽 黑木耳菌丝的色泽初期为白色或灰白色，当菌丝全部长满后见光会分泌浅褐色的色素，瓶壁周围以及菌种表面出现浅黄色透明的胶质耳芽为优质菌种，如果积有浅黄色、黄色、褐色液体为劣质菌种，应予以淘汰。

(4) 菌龄 在正常情况下，一般菌丝长满瓶后，再培养1周就可转接栽培种，不要放置时间太长使菌龄变老。

在原种培养过程中如果菌丝生长很慢，远远超过了正常生长时间仍不能长满瓶，则可能存在几个问题：一是培养基不适合菌丝的生长，如培养料装得太紧、太实，透气性差，菌丝由于缺氧生长无力或者是没有菌丝伸展的空间，致使菌丝无法继续向下生长；二是培养基含水量太大，水占据了空间使透气性变差，同样造成菌丝不能继续顺利生长；三是菌种可能出现退化，生长能力出现衰退。以上3种不同情况要视菌丝的具体长势来分别对待：第一种，如培养料上松下紧，上边的菌丝长得还可以，则上边的菌丝还可以用，菌丝长到一定程度后就要使用，不要一直等长满瓶，否则时间太长，上边的菌丝易出现老化；第二种，可按前述的把原种瓶倒置过来，让瓶口朝下不要开盖，水分在重力的作用下向瓶盖处移动，菌丝可以继续生长到瓶底，这样的菌种还可使用；第三种情况应坚决淘汰，不能使用。

30. 制作黑木耳栽培种的目的是什么？栽培种原料和配方有哪些？

制作栽培种的目的主要是为了进一步扩大菌丝体的量，以满足生产的需要。因此，在生产上有足够的原种可供使用时，原种就可以直接接种出耳袋，省去制作栽培种这一环节。而在大部分情况下由于原种有限，还是需要通过制作栽培种，当制作的栽培种较多，转接出耳袋有剩余时，那么剩下的栽培种也可进行出耳。

制作栽培种所用材料主要是木屑、麦麸、豆粉等，配方为：木屑80%＋麸皮15%＋豆粉2%＋石膏1%＋磷肥1%＋石灰1%。栽培种所用容器为聚丙烯折角袋，或者是用聚乙烯袋。17厘米×33厘米的菌棒可以装干料0.5千克左右，它的容量相当于4～5个罐头瓶。因而，罐头瓶、菌种瓶等由于容量较小，且费工费力，制作成本也较高，在栽培种上一般不用。栽培种培养基的含水量在60%～65%之间，由于所用材料或制作季节不同可能略有差异，pH要求在装袋前调到7～7.5。

制作栽培种的方法与原种制作过程基本一样，可参照原种的制作方法去做。

使用原种转接栽培种时，要先用干净的抹布蘸上0.1%的高锰酸钾或者是1%的克霉灵水剂，把原种瓶上沾有的杂质擦干净，打开菌种瓶盖口后，再用接种铲把上部表层较干的菌丝刮掉，用下边的菌种进行转接。如果打开瓶盖后，发现菌种表层有污染时，坚决不用。

31. 黑木耳栽培种如何保藏？怎样使用？

黑木耳原种、栽培种菌丝长满瓶或袋后暂不使用时，可进行短期保藏。放在黑暗和温度较低的房间、地下室、菜窖等，可保藏20～30天。

使用栽培种转接出耳菌棒时，要先用干净的抹布蘸上0.1%的高锰酸钾或者是1%的克霉灵水剂，把栽培种菌袋上附着灰尘等杂质擦洗干净，打开菌袋口后，再用接种铲把上部表层较干的菌丝刮掉，用下边的菌种进行转接。如果打开菌袋后，发现菌种表层有杂菌污染时，不能使用。

32. 什么是黑木耳液体菌种？液体菌种的优缺点有哪些？

上述介绍的黑木耳母种、原种、栽培种属于固体菌种，黑木耳的菌丝体都是在固体基质上进行生长的。

液体菌种是指在发酵罐内由液体培养基培养而成的菌种，液体菌种的制备采用的是工业发酵的技术工艺，即一种在发酵罐内培养黑木耳菌丝体的方法。与目前生产上使用的固体菌种相比，液体菌种具有培养菌种时间短、菌龄短，适合工厂化、标准化生产的优点。液体菌种接种到菌棒内后菌丝生长整齐一致，出菇期集中，主要有以下优势：一是菌种更纯。传统的固体菌种生产要通过母种—原种—栽培种三级扩繁的过程。尤其在生产上大量制种时需要通过频繁的扩接转代，才能满足需要。在扩接转代过程中不仅易造成菌种的污染，而且菌种的菌丝活力也不断降低。而液体菌种的菌丝体，在发酵生产过程中菌丝体完全在密闭的无菌环境条件下生长，使菌性更纯，纯度更高，活力更强。二是周期更短。传统的固体菌种生产制种周期至少需要 80～90 天，而液体菌种从发酵培养到接入菌袋后菌丝长满菌袋只需 30 天左右。三是产量更高。采用液体菌种接种的出菇菌袋菌丝生长整齐一致，长满菌袋的周期差异不大，因而出菇期集中，产量比固体菌种增产幅度在 10%以上。四是品质更好。液体菌种菌丝生长势强，污染率少，病害轻，基本不使用农药，因此，耳片畸形少，外观漂亮，内在质优，品质更好。五是成本更低。固体菌种生产需重复备料、拌料、装瓶（袋）、灭菌、接种、养菌，而液体菌种整个生产过程都是在一个罐体内完成，按键操作，既成倍降低了生产、管理费用，又节省人工。传统的菌种生产成本按接种 1 万袋测算需要 1 500 元，而液体菌种接种 1 万袋成本只有 500 元左右。液体菌种的缺点是前期固定资产投资大，制种技术要求高，生产过程中耗电相对较多，不易运输和保存。

与固体菌种生产相比，深层发酵生产液体菌主要优点：需要劳动力和厂房少，产品均匀，菌龄一致，易于控制，生产效率高，菌种制作周期大大缩短，菌丝发育点多，接种后菌丝定殖迅速，菌丝生长快、长势强，缩短栽培周期。但是，液体菌种在生产和应用上也有一些限制因素和尚待解决的问题：液体菌种的生产需要较昂贵的设施、设备，能耗大，环境条件、技术操作要求更高，如果环境条件差、操作不当就会发生严重的污染；液体菌种的生产对原料的要求更高，不能利用木屑、棉籽壳等农副产品；液体菌种不易贮存，不易运输，必须就地及时使用。

33. 制作液体菌种需要哪些设备？

液体菌种的制种也需要采取逐级扩大繁育的步骤，其工艺流程一般分为摇瓶种子培养—种子罐培养—发酵罐培养的三级扩繁方式。

摇瓶种子培养一般采用1 000毫升的三角瓶为液体培养基容器，在摇床上进行液体菌种的培养。摇床分旋转式摇床和往复式（振荡）摇床两种。旋转式摇床偏心距一般在3～6厘米，转速60～300转/分钟。旋转式摇床结构比较复杂，加工安装要求比往复式摇床高，造价较昂贵，培养过程中氧气供给好，功率消耗低，培养基一般不会溅到瓶口纱布上造成污染。往复式（振荡）摇床频率一般在80～140转/分钟，冲程一般为5～14厘米。频率过快、冲程过大或瓶内液体过多的情况下，振荡时液体易溅到瓶口纱布上造成污染，特别是启动时易发生这种情况。

种子罐培养是对摇瓶种子进行扩大培养的小型发酵罐，容量一般在50升左右。通过种子罐培养的液体菌种主要是供给大型发酵罐进一步扩繁液体菌种，也可以直接接种栽培种或出耳菌棒。

发酵罐是一种大规模的深层培养方式，也是深层发酵过程中最基本的、最主要的设备，发酵罐的容量一般在300～500升，根据生产规模的大小，发酵罐的容量可大到800升或1 000升以上。发酵罐的设计和选用必须能够提供黑木耳菌丝生长的多种条件，促进黑木耳菌丝的新陈代谢。目前，我国黑木耳栽培企业大多数采用发酵罐生产液体菌种转接出耳袋，工作效率高、生产周期缩短、黑木耳菌丝长势好、产量高。

34. 培养液体菌种的需要的培养基配方有哪些？

在黑木耳液体菌种制作中，一般常用方法有两种接种：一是斜面试管菌种转接摇瓶培养，摇瓶菌种再转接种子罐培养，种子罐转入发酵罐培养；二是制作专用的固体菌种直接转接发酵罐，减少了从摇瓶培养后小罐倒大罐的流程环节。

培养液体菌种的需要的培养基配方有按照工艺流程主要有以下几种：

(1) 试管培养基配方 马铃薯200克（洗净，去皮，切片后水煮过滤取其汁液），玉米粉30克，葡萄糖20克，蛋白胨3克，硫酸镁1克，磷酸二氢钾1克，琼脂20克，水1 000毫升，pH7。

(2) 摇瓶培养液配方 葡萄糖20克，蛋白胨3克，硫酸镁1克，磷酸二氢钾1克，水1 000毫升，pH7。

(3) 种子罐与发酵罐培养液配方 豆饼粉2.0%，玉米粉1.0%，葡萄糖2.0%，蛋白胨0.5%，磷酸二氢钾0.1%，硫酸镁0.05%，碳酸钙0.1%，水定量加入，pH7。

(4) 专用固体培养基配方 细木屑70%，细麸皮25.5%，红糖1%，石膏1%，磷酸二氢钾1%，硫酸镁1%，碳酸钙0.5%。

35. 发酵罐培养生产液体菌种工艺流程及如何操作？

发酵罐培养生产液体菌种的工艺流程如下：

清洗检查罐体→预灭菌→配制培养液→培养液倒入发酵罐→加盖封口→灭菌→冷却→倒入菌种→培养→观察、检测→接种菌棒。

发酵罐培养生产液体菌种的具体操作流程如下：

(1) 清洗与检查 发酵罐在每次使用前、后都必须进行彻底清洗，除去发酵罐内壁的菌球、料液及其他附着物。洗罐水从罐底阀门排出。如有大的菌料（块）不能排出，可卸下进气管的喷嘴排出菌料（块）。清洗标准要求发酵罐内壁无悬吊物，无残留菌球，排放的水清澈无污物。罐清洗完毕后再加水，加水量以超过加热管到达水位刻度线为宜。然后，启动设备，检查控制柜、加热管工作是否正常，各阀门有无渗漏，检查合格方能开始工作。

(2) 预灭菌 一般正常情况下不需要预灭菌，在上一批次生产完后只需将发酵罐清洗干净就可进行下一批次液体菌种的生产。如果有下列情况必须提前灭菌：一是新发酵罐第一次使用时需要煮罐灭菌；二是上一次制作液体菌种感染杂菌污染时要煮罐灭菌；三是更换品种时发酵罐应煮罐灭菌；四是长时间不使用，再次使用时发酵罐应煮罐灭菌。煮罐是对罐内进行杂菌灭菌的一个过程，具体操作方法如下：

①关闭罐底部的阀门（接种阀和进气阀），从进料口加水至观察镜中间部位，盖上进料盖，关闭排气口。

②开启电源，按控制柜灭菌键，当温度达到100℃时排放冷空气，灭菌40分钟。

③当控制柜显示屏上显示温度为123℃时，控制柜自动计时，显示屏上交叉显示温度和计时时间。当时间达40分钟后，关闭灭菌键等待20分钟后，打开排气阀、接种口、进气口，把罐内的水放掉，灭菌结束。在灭菌的同时可将滤芯和接种枪放入一起灭菌。

(3) 装料 关闭下端阀门（进气阀和接种阀），将漏斗插入进料口，将配置好的培养液由进料口倒入发酵罐中，加消泡剂10～12毫升，装料量为罐体总容积的60%～85%，拧紧进料口盖。

(4) 灭菌 培养基灭菌关闭所有阀门，启动电源，按控制柜灭菌键进行灭菌。控制柜显示屏显示温度100℃时排放冷气，微微打开排气阀直至灭菌结束。在灭菌前期显示温度100℃前，打开通气阀门使未过滤的空气直接进入搅拌培养料液，以免发酵罐底部料液因沉淀黏度增大而黏附于加热棒上变糊。

灭菌计时开始后分别在0、17、30分钟时排放，既可排出阀门口生料，又能对阀门管路进行冲洗。微开进气口和接种口阀门，有少量气、料排出即可，每次排放3分钟，每次排出料液1升。灭菌时要安装提前灭好菌的空气过滤器，打开气泵使压缩机吹干滤芯。

(5) 冷却 培养液冷却，是把培养液温度由123℃降至25℃的过程。可采用两种冷却方法：一是通过冷却水，利用循环冷却水进行冷却降温。二是接管通气使培养液在气体的搅拌下迅速降温，并一直通气供氧直至培养结束。

(6) 接种 当发酵罐内温度达到接种温度时使用摇瓶菌种、固体菌种或种子罐菌种进行接种。接种前首先要制备好火圈（棉花缠紧呈圆形，外用纱布裹住，蘸取酒精）、打火机，75%或95%工业酒精，耐热、耐火手套。用75%酒精清洗接种口，操作人员的双手也需要使用酒精棉消毒并晾干。打开排气阀，罐压接近0时关闭。利用火焰保护进行接种，把火圈套在进料口点燃。快速打开进料口盖，从火焰的中部迅速接入菌种，迅速把进料口用火焰烧后盖好，拧紧，熄灭火焰移走火圈接种完毕。然后，调节相应阀门保持工艺要求的通气量进行培养。

(7) 发酵培养 启动设备控制柜进入培养状态，微开排气阀使罐压至0.02～0.04兆帕，培养温度24～26℃和空气流量1.2米^3/小时以上进行培养。一般连续培养5～6天后，液体菌种即可使用转接到菌棒中。

36. 如何检测制备的液体菌种是否感染杂菌？

在生产上为了保证液体菌种的质量，防治菌棒污染，在液体菌种转接菌棒前应首先取样检测液体菌种是否被杂菌污染，可通过以下几种方法进行验证：

（1）观察菌液澄清度及颜色的变化 因培养基中含有大量颗粒状及大分子的营养物质，因而在培养的前期菌液稍显浑浊，但随着培养时间的延长，营养物质逐渐被利用，菌液变得越来越澄清，而染细菌、放线菌、酵母菌的菌液则很浑浊；如菌液中加入红糖等营养物质，灭菌后溶液呈浅茶红色，随着营养的被利用，溶液颜色也越来越淡，呈青褐色。

（2）嗅菌液气味的变化 菌种培养前期，因菌液中含有大量单糖、多糖类营养物质，因而糖香味很浓，随着营养被利用，菌液的糖香味越来越淡，取而代之的是菌丝特有的淡淡的芳香气味。而染菌的培养液则散发出酸、甜、霉臭、酒精等各种异味。

（3）观察菌丝体（菌球）的浓度状态 菌种接入到菌液中24小时后，会发现接入的菌种颗粒周边萌发出白色菌丝，当菌丝长到一定时期会断落到菌液中成为新的萌发点而产生新的菌球，到40～60小时之间，会发现菌液中有大量的菌丝片段。在60～80小时之间一般品种菌球达到最大的浓度，取样后静置菌液不分层，料液的黏度高，菌球悬浮力好，菌球大小均匀、界线分明、活力强，而老化的菌种菌液颜色会逐渐变深，菌球轮廓不清，甚至自溶成为粥状物。

（4）对PDA斜面进行检查 置25℃的条件下培养48小时

可判断其检测结果，均有很好的实用性。

37. 制作液体菌种时遇到停电情况如何操作？

如果在液体菌种培养过程中遇到突然停电，应立即采取措施避免培养失败。首先要关闭排气阀和进气阀，并用打气筒在贮气罐的进气口打气（进气罐内的气体必须经过过滤器的过滤），待贮气罐的压力达到0.10兆帕时，打开进气阀进气，可听到“咕噜、咕噜”的进气声。当气体进罐的声音渐弱时，关闭进气阀，再次打气。如此反复操作，直到罐压升至0.05～0.10兆帕时保压即可，待来电后再正常供气培养。也可用氧气瓶代替打气筒持续向罐内供气，直至来电后再进入正常发酵培养状态。

38. 如何提高液体菌种接种菌棒后的菌丝体成活率？

液体菌种接种菌棒后菌丝体的成活率非常重要，如果液体菌种接种菌棒后菌丝体不能成活或成活率很低，则可能导致菌棒生产失败。因此，液体菌种接种菌棒时应注意以下几点：

（1）液体菌种活力最强时接种 当液体菌种菌球长至1毫米，培养液内菌球密度达到最大时，菌丝活力最强，此时为接种最佳时机，接种过早菌球浓度过低，接种过晚菌球活性下降，都会影响接种后菌丝的定殖和萌发。

（2）适量的接种量 17厘米×33厘米的菌棒，液体菌种一般每棒应接入15～20毫升，接种量过少，菌丝萌发慢，封住料面时间长，易感染杂菌且菌球易干涸导致不萌发、不吃料；接种量过大，培养基表面堆积大量菌球，浸入大量营养液，致使透气性降低，也易感染杂菌。

(3) 接种面要分布均匀 接种枪在接种时要对着接种面转动，以使菌球均匀散落于料面，否则造成菌球堆积部位和没有菌球的部位生长不均匀。

(4) 栽培料含水量要适宜 黑木耳栽培的培养料，因接入液体菌种浸润到培养料中，会提高培养料的含水量，制作栽培袋时，培养料含水量过高，接种后浸入液体菌种，就使培养料因含水量过高而不透气抑制菌球萌发和生长。

(5) 培养料要具有良好的透气性 液体菌种接种黑木耳栽培袋，菌丝生长快可缩短发菌时间。但菌棒内的培养料透气性很重要，培养原料不能过细，装袋不能过紧，否则，会培养料的透气性，影响菌丝生长速度。

(6) 菌棒培养温度要适宜 接种后5天内，培养室温度控制在25～28℃，有利于液体菌种的快速定殖和萌发，发菌室温度不可过低，最低不低于20℃，否则菌球迟迟不萌发，过几天即使温度再上升，菌球已干涸，影响再萌发，从而感染杂菌，杂菌在料面或借培养液的营养快速生长而造成污染。

39. 黑木耳代料栽培需要准备哪些原材料？

黑木耳出耳菌棒需要的原材料分主料和辅料两类。

选择栽培原材料主料时，要因地制宜，就地取材。适用于栽培黑木耳的主料主要是阔叶树木屑，阔叶树杂木屑包括栓皮栎、麻栎、棘皮桦、枫杨、枫香、榆树、刺槐、柳树、槭树等。由于不同树木的营养成分不同，应选择当地适宜的原料，一般材质坚实、边材发达、树皮厚度适中的阔叶树木屑均适宜栽培黑木耳，除了树木砍伐加工成木屑外，还可以收集伐木场、木器加工厂、锯板厂等木材加工单位的枝桠、边角料、碎木屑作为代料栽培黑木耳的培养料。但含有松脂、精油、醇、醚及芳香性物质的松、杉、柏、樟等树木木屑不适于作黑木耳栽培原料。

其他农作物秸秆，如豆秸、花生壳、葵花籽壳、玉米芯、甘蔗渣等富含木质素、纤维素等农林副产品也可以作为配合料使用。栽培原材料要求新鲜、无霉变、无虫害、无异味、无腐烂、无有害杂质，否则易发生杂菌污染和虫害。

黑木耳出耳菌棒需要的辅助营养料简称辅料，辅料一般是含氮量高的豆粉、麸皮、米糠或玉米粉，麸皮是代料栽培黑木耳中不可缺少的营养料，用量占配方的15%～20%。麸皮含有粗蛋白质11.4%，粗脂肪4.8%，粗纤维8.8%，钙0.15%，磷0.62%。麸皮要选择新鲜、无霉变、无结块、无虫蛀、未被雨淋的当年加工的麸皮。米糠是稻谷加工过程中的下脚料，米糠中含有粗蛋白0.8%，粗脂肪14.5%，粗纤维7.2%，钙0.39%，磷0.03%。选择米糠时要选用不含谷壳的新鲜细糠，含谷壳多的粗糠，营养成分较低，影响产量。米糠极易被螨虫侵食，应通风、干燥贮存。玉米粉因品种与产地不同，其营养成分略有差异，一般含粗蛋白质9.6%、粗脂肪5.6%、粗纤维3.9%、可溶性糖69.6%、灰分1%。配制培养基时可加入5%～10%的玉米粉，既可增加氮素营养源，又能加强黑木耳菌丝活力从而提高产量。另外，在栽培料中还需要添加少量的矿物元素，矿物元素原料有石膏粉、过磷酸钙、石灰等。石膏粉即硫酸钙，弱酸性。培养基配方中用量为1%～2%，可提供钙、硫元素，也起到调节酸碱度的作用。过磷酸钙除提供磷、钙元素外，也可调节培养基酸碱度。在气温较高的季节配制培养基质时，加入1%石灰粉，可以防止培养基变酸。辅料在培养基质中比例虽小，但可增加营养，改变基质物理和化学状态。

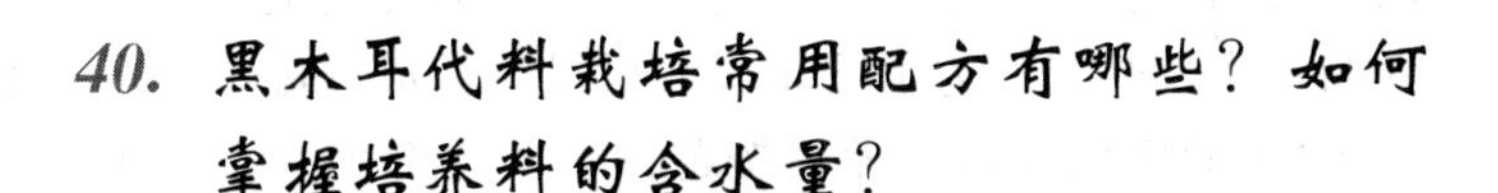

40. 黑木耳代料栽培常用配方有哪些？如何掌握培养料的含水量？

代栽黑木耳的培养料可来自多方面，栽培者应根据当地资源就地取材选用，下面介绍几种常用的培养料配方：

（1）木屑77%，米糠20%，蔗糖1%，石膏粉1%，过磷酸钙1%。

（2）木屑85%，麸皮10%，豆饼粉2%，石灰1%，石膏粉1%，过磷酸钙1%。

（3）木屑60%，玉米芯15%，豆秸10%，麸皮10%，豆粉2%，石膏1%，过磷酸钙1%，石灰1%。

（4）木屑60%，豆秸26%，麸皮10%，豆粉1%，石膏1%，过磷酸钙1%，石灰1%。

上述配方中料水比（1∶1.3）～（1∶1.4），pH7～7.5。

配制培养料时，可以手工拌料也可选择机械拌料。手工拌料时，先按配方的比例称好主料与辅料，选择水泥地面拌料为好。拌料时，把主料拌匀成堆状，把麸皮、石膏粉、过磷酸钙由堆尖撒下，混合均匀，再把石灰等溶于水后泼入料中，反复搅拌3～4次，力求均匀，严格控制含水量；机械拌料时，按配方的比例称好主料与辅料，放入搅拌机内搅拌均匀，再把加水反复搅拌3～4次即可。

黑木耳菌棒培养料的适宜含水量为60%～65%之间，含水量过高或过低对黑木耳菌丝的生长均不利。实际生产时多以感官测定培养料中的含水量，即用手抓取料堆中部的培养料，紧握后指缝间有水渗出或有水滴下，伸开手指料在掌中能成团并裂成数块，说明含水量较适宜。若手指缝间有渗水而成线流下，说明培养料含水量超过太高，应适当加入干料降低水分。

如果培养料含水量太高，由于培养料装在密封塑料袋内，木屑颗粒较细，含水量过高，袋内单位体积的容气量减少，使黑木耳菌丝生长受阻。为了防止含水量过多造成过湿，先按料水比为 1∶1 的比例加水，随后按配方要求逐渐加水。用水量的多少要根据原材料本身的干湿程度而定，如干度不足用水就少，反之用水就多。

41. 为避免杂菌污染，拌料装袋时应注意什么？

黑木耳菌棒原材料在拌料装袋时应注意以下几点：

一是要选择无霉变的培养料，并在配制前最好放置于烈日下暴晒几日，利用日光中的紫外线，杀死存放过程中感染的部分杂菌。

二是拌料后要及时装袋灭菌，若拖延时间长，培养料会发酵而变酸，装袋后气温越高越要及时灭菌。

42. 黑木耳代料栽培选择哪种塑料袋为宜？装料时应注意哪些问题？

黑木耳栽培塑料袋有聚乙烯和聚丙烯两种，聚乙烯袋柔软，但不耐高温，只能用于常压灭菌。聚丙烯袋柔韧性差，但耐高温，可用于高压灭菌。采用聚丙烯原料特制折角袋规格有 17 厘米×33 厘米×0.05 厘米或 17 厘米×38 厘米×0.05 厘米两种。聚丙烯折角袋韧性好，可减少装袋时菌棒的破碎率，耐高温高压，灭菌后不变性、不变脆、不变硬，在耳芽生长后期，随培养基的收缩而收缩，不易风化。

目前，黑木耳菌棒装料已基本上实现了机械化，装袋机的流水线生产方式代替了以往传统的人工装料。但是，在一些小规模栽培的农户中，也可以采用人工装料的方式，装料时将塑料袋口张开，用小铲子把料装入袋内，当料高接近袋口时，插入1.5～1.8厘米粗的木棒或塑料棒，要插入到袋的底部，提起袋口在光滑的垫板蹾几下，让料压实，垫板防止在蹾实过程中地面上的木屑、砂粒刺破袋底。一手提起袋口，一手伸入袋内将培养料压实，边压实边转动料袋，最后抽出木棒，袋口用海绵盖体封口。装袋时要求松紧适度，培养料装的过松，虽然黑木耳菌丝生长快，但菌丝细长无力、稀疏，长满袋后常常造成菌丝与袋体脱离，开口出耳容易感染杂菌，后期造成袋内存水，绿霉、细菌等杂菌容易滋生。装袋过紧，透气不良，特别是培养料水分过大时，菌丝生长过慢，易感染杂菌。装料松紧可以通过手感进行测定，一般以菌棒表面手感硬而有弹性，拇指轻轻按下料面能弹起；也可以通过用秤称量菌棒重量测量菌棒的松紧，菌棒高度保持在20厘米，菌棒重量在1.2千克，说明装袋松紧适宜，如过轻或过重则可以认为菌棒装得过松或过紧。

装袋机机械装料时，将塑料袋未封口的一端张开，套在装袋机出料口的套筒上，双手托住料袋，放开离合器，此时装袋机自动装料，当料袋高度达到规定高度时22厘米时，应踩住离合器并迅速摘下料袋放在平台上，随即展开空料袋并装在料筒上，松开离合器，装料机再次自动装料。装料过程中，要根据自己和同机组人员的装袋速度调整好送料机出料口的大小，使装袋机料仓内的存料不宜过多。装料时两手护握塑料袋时不宜过分使力，保证料袋不打折为佳，按照装料质量的要求，料袋装完后不得出现料袋破损、开裂、鼓包；其次料袋要求松紧一致，不得超高，袋底平整、外壁光滑、高度均匀，重量误差控制在±0.01千克之内。若出现料袋过实、过虚或高度误差较大时，应通知有关人员进行调整装袋机。

机械拧口采用专业窝口机，提前要准备好塑料芯棒，在窝口工作前，对于装袋量没有达到或超过规定高度时，要及时进行补料或去除多余的培养料。拉出中心钻的同时，两脚分别踩住正、反转转动器，将已装好的料袋放在转盘上，右手拿中心钻置于料袋中央，左手将料口以中心钻为转轴束在一起，随即右脚踩动转动器使转盘转动，同时右手向下用力将料口塞入料袋中央内，之后左脚踩下，右脚抬起，在转盘反转的同时将中心钻拉出，插入菌棍，窝口处塞入海绵盖体即可。

43. 怎样解决菌棒灭菌不彻底导致杂菌污染的问题？

灭菌主要目的是杀死培养料中有害微生物，包括繁殖体和芽孢，同时促进培养料有机物质部分分解，灭菌工作直接关系到培养料的质量和杂菌污染率，必须对灭菌工作引起足够的重视。菌棒灭菌有常压灭菌和高压灭菌两种方法：

常压灭菌怎样解决菌棒灭菌不彻底的问题，从拌料、装袋到进入灭菌锅内要尽快完成，以减少灭菌前的杂菌等微生物的繁殖。常压蒸气灭菌的工具是常压灭菌锅，料袋装入灭菌锅后用旺火猛烧，要求在3～4小时将锅烧开，并保持10～12小时灭菌才彻底。一些栽培户，往往在灭菌上麻痹大意，造成灭菌不彻底，使杂菌污染严重，导致栽培失败。常压灭菌操作时，要做到“三防止”：

(1) 防止中途降温 灭菌过程中，中途不得停火，如锅内达不到100℃，在规定时间内达不到灭菌的目的，中途降温，需重新计时。

(2) 防止烧干锅 在灭菌之前，锅内要加足量水，料袋装锅后，锅要盖严。在灭菌过程中，如果锅内水分不足，要及时从注

水口注水。

(3) 防止存在灭菌死角 存在灭菌死角的原因是多方面的，如锅底着火部位不均，锅盖上仅从一端漏气，锅内料袋采缝叠放，灭菌灶内容积大而锅小等，都可能造成灭菌死角。

高压蒸汽灭菌注意事项：聚丙烯袋可用高压蒸汽灭菌，菌棒在锅内排叠整齐，应留有适当空隙，使蒸汽流动通畅，提高灭菌效果。高压蒸汽灭菌过程中，由于水的沸点提高，能使蒸汽保持较高温度，使培养料灭菌时间缩短。培养料在高压灭菌时，要求先排冷空气，当压力达到0.153兆帕，蒸汽温度为128.1℃，保持1.5～2.5小时，即可达到彻底灭菌的目的。使用高压锅灭菌时要注意检查安全阀、压力表、排气阀等是否完好，防止漏气，防止操作过程中发生故障和意外事故，高压锅内加水至水位标记高度，以免烧干锅造成事故。

44. 黑木耳菌棒如何接种固体菌种？

经过灭菌后的菌棒，放入冷却室待料袋中心温度降到25℃以下后，搬入接种室或接种箱进行接种。在使用接种箱之前，先向箱内喷5%的来苏儿，然后将接种工序所需的器具物品搬入箱内。这些器具和物品主要有接种匙、镊子、酒精灯、酒精棉球、菌种、待接种的料袋。开始接种前，操作者应将手用75%的酒精棉球擦一遍。接种时，接种工具要在酒精灯上反复灼烧，使之无菌。每瓶菌种接完后必须重新处理接种工具，以防出现交叉感染现象。接种完毕后将菌棒搬入发菌室培养。箱内进行清扫和消毒处理后再准备下一箱接种。

目前，一些企业进行大规模的生产，采用接种室超净工作台接种，操作方便，效率高。但要严把消毒灭菌这一关，否则料袋污染率会增高，给生产带来损失。

45. 黑木耳菌棒如何接种液体菌种?

在接种前 1 小时，接种工作人员先将蒸锅灭菌冷却后的海绵塞放在接种箱旁，还要准备足量的存放料袋棒芯（菌棍）的筐子，随后开启接菌室及其通道的紫外线灯管，进行接种前约 30 分钟进行紫外线消毒。接种人员在进入缓冲室前的通道时，先在门口更换工作鞋，换好工作鞋后，即可进入缓冲室（更衣室）。更换工作服前先脱去外衣，包括随身携带的私人物品均要放在更衣箱内，进入洗手间清洗双手，然后再回到缓冲间穿好工作服，戴好口罩、帽子准备接种。在接种前 10 分钟，关闭紫外线灯，开启空气过滤装置，接种工作人员进入各自的工作岗位。接种枪操作人员先用 75%酒精棉球仔细擦洗双手，再用沾有酒精或药水的湿毛巾擦一遍衣袖和前襟，随后戴上乳胶手套，再用酒精棉球擦一遍手套，开启离子风接种器和红外灯。在操作接种枪的人员做准备工作的同时，另一人也先用酒精棉球仔细擦洗双手，再解开全部装有海绵塞袋子系口绳子之前，先用酒精棉团擦洗袋口，然后解开绳子并将袋口翻开，露出装有海绵塞的小袋子，此后用蘸过酒精或药水的湿毛巾仔细擦一遍衣袖和前襟，随后戴上乳胶手套并用酒精棉球擦一遍手套，以上工作完成后，可一手托握住装有海绵塞的小袋，一手最好用镊子夹取酒精棉球擦洗一次袋口，随后用镊子挑开袋口绳子，用时翻开袋口，不用时用手捏住。

双方做好准备工作后，启动输送机开关，使料筐由冷却室进入到接种室内，关停输送机，操作接种枪的人一手摘取菌棒的棒芯，一手持接种枪注射约 15 毫升左右的液体菌种（注意：注射液体菌种时，接种枪管必须垂直伸入料袋中心孔约 30 毫米）。棒芯取一个接种一个，摘取棒芯时必须先由离自己最远处的料袋顺着料筐进出方向一排一排地摘取，这样可避免与对面塞海绵塞的工

作人员的手臂交叉相互干扰。当接种完一袋后对方应迅速将海绵塞塞入料袋中心孔内，接种一袋塞一袋，要塞实、塞牢，但海绵塞不可塞的过于靠下，掉落的海绵塞切勿使用。完成一筐接种工作后，开起输送机开关送出接种室，同时另一筐也进入了接种室，关停输送机开始下一筐的接种工作。接种工作一旦开始，要一气呵成，中途最好不要停息，直至完成一罐液体菌种的接种工作，接种工作人员和塞棉塞工作人员在中途每隔数筐，用酒精棉球擦一次手套，如有碰触或手指沾到污物，要立即用酒精棉球擦拭消毒。

接种中途必须离开接种室时，应摘掉手套方可离开。重新进入接种岗位时，还必须按照上述消毒的规程进行个人消毒。接种完成后，接种枪放在规定的地方，关闭离子风接种机，摘下手套放在接种箱顶上，打扫卫生，当全部人员离开接种室后，打开接种室紫外线灯消毒 30 分钟。

46. 黑木耳菌棒发菌培养室如何消毒？

确定接种后的菌棒进入发菌培养室的时间，提前 10 天对发菌培养室进行卫生清扫和药物消毒工作。彻底清理发菌室内的杂物，清扫床架、暖气、地面及门口内外的尘土，清扫时地面要适量洒水，避免起尘；清扫完毕后，打开暖气阀门，关紧通风口和门窗，提高培养室内温度到 30℃以上，并保持 3 天；每立方米用 7～8 毫升的甲醛溶液加 5 克的高锰酸钾混合后产生化学烟雾进行熏蒸消毒处理。操作前先将通风口和门窗关闭，然后在房间正中将称好的高锰酸钾放在桶内，戴上口罩和眼罩，再将称好的甲醛溶液以不外溅的速度倒入桶内，快速出室关门，密闭 3 天；打开室门，先进行适量通风，查看室温并达 30℃以上，再按照每立方米 10 克硫黄在适量酒精的助燃下，进行烟雾二次熏蒸消毒关闭房门，密闭 2 天再适量通风，即可以在菌棒上架进行发菌培养管理。

47. 黑木耳菌棒培养过程中如何检查？发现问题如何处理？

黑木耳菌棒在培养过程中应随时进行检查，并在发现问题后及时进行处理，主要采取以下几项措施：

①检查菌棒有无破裂，破裂菌棒应下架对破裂部位先用酒精或其他消毒液进行消毒，再用胶带纸粘贴，处理过的菌棒要放在指定地点，并做好记录。

②对于海绵塞未塞牢的菌棒，应使用消过毒的镊子将海绵塞塞牢，但不得塞得过下、过紧。

③摆架时不慎将菌棒中的海绵塞脱落，则脱落的海绵塞不能再用，应及时从已灭菌过的海绵塞袋中，用镊子取出海绵塞进行补充。先用镊子夹取酒精棉球在装有海绵塞袋子口及周围抹擦一遍，再用镊子解开袋口后夹取海绵塞装在菌棒中心孔里，完成后应将装有海绵塞的袋口封严。对新补过海绵塞的菌棒应另外放在指定地点，并做好记录。

④摆放菌棒失手将菌棒坠落在地面时，如果菌棒严重破裂，培养料外泄，应将其彻底清扫出发菌室，集中送拌料处重复利用。如果料袋坠地未破裂，则用药物进行表面消毒后再上架。

⑤菌棒摆放时要求整齐成行，每层架数量尽量一致。每批（锅）菌棒摆放完毕后，要在指定位置的菌棒间插入玻璃棒温度计，填写记录。

48. 黑木耳发菌培养室环境条件如何调控？

黑木耳发菌培养过程中培养室的环境条件主要是温度、湿

度、通风及光照等。

(1) 温度管理 黑木耳菌丝生长对温度的要求，应按照不同的生长阶段分别掌握。

①定殖期。接种后1～3天，室温以26～28℃为宜，使黑木耳菌丝在略高的温度环境下快速定殖生长，抢先占领培养料面，减少杂菌污染。

②萌发期。接种后4～15天时，随着黑木耳菌丝的萌发生长，袋内温度逐渐上升，一般袋温会比室温高2℃，此时将培养室室温调节在23～25℃。

③快速生长期。接种后16～30天，是黑木耳菌丝分解吸收培养料营养能力最强的阶段，黑木耳菌丝生长旺盛、健壮，新陈代谢加快，袋温继续升高，室温以21～23℃为宜。

④成熟期。黑木耳菌丝生长30天之后，菌丝进入生理成熟阶段，即将由营养生长过渡到生殖生长，室温以18～20℃为宜。培养室内放置温度计，随时观察温度的变化。若没有空调，只能靠门窗和加热设施的开关来调节。早春接种发菌气温较低，可关闭房门和通风口用炭火升温。若烧煤增温，应设有排气筒，以防止二氧化碳浓度过高，危害菌丝生长。

(2) 湿度管理 黑木耳菌丝培养阶段要求室内干燥，空气相对湿度应在55%～65%，发菌后期不超过75%。雨天湿度大，通风换气时，可在培养室地面撒些石灰粉，降低空气湿度，减少杂菌污染；空气湿度过低，可适当在地面上洒水，减少培养料水分蒸发。

(3) 通风换气管理 黑木耳是好气性菌类，整个生长发育过程要求空气新鲜，以保证有足够的氧气维持正常的代谢作用。为此，每天需开窗通风换气1～2次，每次30分钟，以促进菌丝生长。待菌棒菌丝长好后，将菌棒移至栽培场所出耳。

(4) 遮光培养 黑木耳菌丝在完全黑暗的条件下生长良好，培养室门窗要用黑布遮挡，但要保持良好通风。黑木耳菌丝在生理成熟前，遇到光照和温差刺激易形成耳芽消耗营养影响产量。

49. 黑木耳地栽模式有哪些优点？出耳场地如何选择？

黑木耳室内发菌，野外露地出耳，把大自然气候和人为控制的小气候结合起来，创造一种适合于黑木耳生长发育的生态条件，从而达到速生、高产的目的。开放式管理模式充分利用地面的潮气，人工控水，能够很好地协调湿度。菌丝恢复生长迅速、黑木耳出芽早、生长快、耳片大、肉质厚。地栽黑木耳的耳片充分吸收阳光中的紫外线，使黑木耳色黑、质优、形好。这种管理模式具有投资少、工序少、管理方便、阳光充足、空气新鲜、杂菌污染率低、子实体产量高、品质好等优点，是黑木耳代料栽培中的一种较好模式。

露地栽培黑木耳应选择地势平坦或坡度较小且不易积水的空旷场所，要求交通便利，保障电力设施，近水源、水质好便于喷灌，光照充足、空气流通、环境清洁、无污染的地方，远离禽畜舍、垃圾场等污染源。

50. 地栽黑木耳菌床如何处理和消毒？

在地面上规划出宽1.2～1.5米、高10～15厘米、长度为40米左右的菌床。菌床过长，喷灌时距离水泵近的喷雾管出水量大，远端出水量少，喷水不均匀，较长的菌床应从中间向两侧喷水。床面要求去掉杂草、压紧、压平，黑木耳菌棒下地前要喷一次水，水要喷透。菌床与菌床之间应留有50厘米的工作道，亦可作为菌床的排水沟。用稀释500倍的甲基硫菌灵溶液喷洒消毒，地面潮湿可以撒生石灰消毒。最后在菌床上铺上一层编织袋、碎草、松针或干净沙子，再在上面轻撒一层生石灰，这样既可以防止菌棒发生杂菌污染，又可以防止喷水时黑木耳子实体沾上泥土，影响品质。目前，在大规模栽培耳场，菌床上铺一次性专用打孔地膜，孔与孔距离5厘米，利于渗水透气。

51. 地栽黑木耳为什么要集中开口？

菌棒经过35～50天的发菌培养达到生理成熟后，转入出耳阶段。出耳前最好集中开口（划口），开口是黑木耳代料栽培的关键技术之一，它直接关系到出耳迟早、耳片大小、产量高低和耳质优劣。

把长满菌丝的菌棒搬到环境清洁的出耳场地，四周围上薄膜，集中开口，这样可以避免穴口处的培养料被风吹干。开口必须选择在晴天，雨天容易感染杂菌不适宜划口。菌棒搬运过程中要轻拿轻放，若长距离运输菌棒，袋子与培养料易发生脱离，需继续养菌3～7天，菌棒与培养料无脱离时才可以开口。开口前要用0.2%高锰酸钾或0.1%甲基硫菌灵溶液擦拭菌棒表面进行消毒，可以选用手工开口和机器开口。

52. 地栽黑木耳开口方式有哪些？如何操作？

地栽黑木耳开口的方式有V形口和“一”字形口等。

V形口优点是口型小，培养料与空气接触少，避免风大引起开口处培养料风干；口型上大下小，菌棒上方的薄膜划破后可翘起遮挡培养料，出耳阶段喷水时不易积水，避免引起杂菌污染；V形口下方三角尖部位小，正好保留少许水分于尖口，有利于穴口保湿出耳；原基形成时，开口处两条斜角相连，原基顶起穴口的塑料膜，使塑料膜向上翘起，黑木耳子实体封住穴口，水分不能进入袋内引起杂菌污染；穴口小，耳芽集中，耳片朵形好。划割V形口每袋开口60～80个，角度应为45°～55°，角的斜线长度为1厘米，开口深度为0.3～0.5厘米。适宜的深度有利于菌丝扭结形成原基，开口过浅，黑木耳朵小，耳片生长慢，且耳根过短，碰撞菌棒耳片极易脱落；开口过深，黑木耳出耳推迟，耳根粗。开口斜线过长，黑木耳原基很难形成大朵，穴口过大培养料暴露面积过大，外界水分也易渗入袋内，极易造成杂菌污染，黑木耳子实体不易形成，耳片生长过慢；划口角度过小、斜线过短，易形成单片耳，产量有所下降。

“一”字形口是将钉子或6号铁丝“一”字形钉在木板上，留出0.3厘米的钉尖，进行滚袋划口，每袋开口个数为80～100个。划口时，顶层划口应距袋顶稍近些，底层划口应距袋底稍远些。袋底划口距袋底远些是为了黑木耳在生长时避免耳片与地面接触，沾染杂质使黑木耳品质下降。此种开口方式出耳，黑木耳品质好，但产量相对较低。

大规模地栽黑木耳时可采用电动开口机，电动开口机有3个档位速度，一般低速可开袋1 000袋/小时，中速可开袋2 000袋/小时，高速可开袋3 000袋/小时，小型开口机使用方便、价格低、效率高，适合农户使用。

53. 地栽黑木耳如何预防出耳不整齐？

集中催耳主要是解决气候干燥、风沙大、原基形成缓慢、出

耳不齐影响产量的问题。北方地区春栽在气温低、风沙大、湿度低的情况下，为使原基迅速形成，常采用集中催耳的方法。开口后菌棒可以在室内先进行催耳，催耳阶段温度控制在 15～25℃，空气相对湿度控制在 85%左右，给予部分散射光，适当通风换气，形成耳芽后再摆到菌床上进行耳片管理。也可以在大田通过覆盖草帘进行催耳，若黑木耳下地时间过晚、气温较高时，开口后的菌棒养菌恢复几天后，可直接摆放菌棒，间距 10～15 厘米进行催耳、出耳管理。南方地区秋栽时，由于气温较高，可采取挖地床的方式进行，地床深约 25 厘米，宽约 80 厘米，然后摆袋，利用地面和草帘的水分保持湿度，在菌棒上面覆盖一层湿草帘再盖一层干草帘的方法进行催耳。

54. 黑木耳菌棒如何在培养室内进行催耳？

将划口后的菌棒松散地摆在培养架上，菌棒之间应留 5～10 厘米的距离，以利于通风换气。将门窗的遮盖物取下，让自然光辐射到室内，给予菌棒散射光照。经过 5～7 天，划口处菌丝重新恢复生长，长出白色绒毛状的菌丝。菌丝生长会产生生物热，应注意降温。降温的方式：一是开窗通风，二是地面洒水，三是换气扇每间隔 1 小时换气 30 分钟。划口 5～7 天后，室内温度控制在 15～25℃，白天关闭门窗，增加室温，晚上打开部分门窗降温，加大温差刺激有利于黑木耳原基的形成。每天向地面喷水 2～3 次，空气相对湿度保持在 85%左右。室内催耳 10～15 天后，在划口处出现鱼子状的小黑点，即黑木耳原基，以后逐渐长大，20 天后可封住划口，有部分耳基会长出划口处塑料袋，此时就可以将催完耳芽的菌棒直接摆放到地栽菌床上进行出耳管理，室内催耳可使黑木耳提早上市，避免夏季高温出耳，既减少杂菌污染，又方便管理节约用水。

55. 覆盖草帘催耳有何特点？如何操作？

划口后的菌棒摆放到处理好的菌床上，摆袋时应将菌棒袋口向下，菌棒棉塞或海绵塞不用挑出，可直接摆放。菌棒间距3～5厘米，若间距过小，则容易发生烧菌且催芽后期耳片会生长到一起；若间距过大，则地面空间利用率太低。划口摆袋后用喷雾器往菌棒上喷洒杀霉净溶液，立即覆盖草帘，将草帘边缘压紧。气温较低或遇雨天要覆盖塑料薄膜。

划口后1周内，是菌丝恢复生长阶段。此时，应保持地面湿度，不可直接往菌棒上喷水。空气相对湿度保持在70%～80%，地面湿度不够，可向排水沟漫灌，渗入菌床。每天早晚通风30分钟，每隔5～7米用砖、木棍或石块撑起草帘，使其距地面15厘米，进行通风。

7天后，划口处菌丝重新恢复生长，长出白色绒毛状的菌丝。此时，应提高空气相对湿度，保持在85%左右。湿度低时，可用喷雾带喷水增湿。判断空气相对湿度是否适宜的方法：一是地面无干土，无积水；二是菌棒表面早晚有小水滴形成；三是覆盖的塑料薄膜有水滴形成但不滴落，覆盖的草帘保持湿润。每天观测记录菌床的温度，当温度达到20℃时，应及时揭膜通风或向草帘喷水降温，早晚掀开草帘两侧通风30分钟。经过15～20天催芽管理，耳芽形成即可进行出耳管理。

56. 地栽分床的目的是什么？何时分床？

地栽分床的目的是在催芽管理结束后进行出耳管理。在黑木耳菌棒开口催耳的过程中，当90%以上的划口处出现锯齿状曲线耳芽后，耳芽长到如黄豆粒大小时就应及时分床。分床过晚，容易造成耳芽继续生长而粘连到一起。分床时菌棒间距保持在10～15厘米，呈“品”字形摆放。分床后的菌棒就进入了地栽全光照生长管理阶段，随着耳芽的生长，喷水次数、喷水时间和通风时间适当增加，出耳管理阶段如果空气相对湿度过低，则易发生“困菌”现象，即耳芽在塑料袋内生长，不能长出划扣，后期会发生杂菌污染，严重影响产量。

57. 地栽幼耳期如何管理？如何预防烂耳？

幼耳期是指耳芽形成且逐渐形成耳片的阶段，此阶段一般需要10天左右，主要靠菌丝体从培养基内吸取养分和水分，输送供应给幼耳生长。幼耳期，若空气相对湿度达到85%，就能正常生长，喷水以少喷为宜，也称为小水期。幼耳期需要每天早晚向菌棒喷水10～20分钟，喷水应在早8时前结束，晚上喷水应在18时后进行，不同纬度区域喷水时间不同，应注意喷水时气温不要过高，以18～22℃为宜。喷水量不要过大，如果湿度过高，则展片过快，朵形不好。如果喷水过勤，划口处进水较多，长期处于高湿状态非常容易引起杂菌感染，导致烂耳。

58. 地栽黑木耳快速生长期如何进行水分管理？如何预防流耳、烂耳？

快速生长期是指黑木耳耳片进入快速长大的阶段，由于耳片生长发育所需的养分、水分较多，对空间相对湿度和氧气的需求也随之增加，此时喷水量应该逐渐加大，空气湿度应由原来的85%提高到90%～95%，这个时期称为中水期。如果湿度不够，会使正在发育的耳芽僵化、生长过慢或不生长。此期喷水应随着耳片的生长加快而加大喷水量，具体做法是每天早晚喷水时间由10～20分钟增加到30～40分钟，遇阴雨天视降雨大小可减少喷水量。木耳是胶质性的组织结构，内部组织含水量较大，此时由于外界气温较高，耳片内的水分迅速蒸发会涨破耳片表面的出水孔，造成耳片表面破裂而产生流耳。同时滞留在耳内不能及时排除的水分，也极易造成木耳内部组织改变，造成烂耳。因此，晴朗天气气温较高时，喷水应在傍晚或夜间进行。

59. 地栽黑木耳成熟期如何预防白粉病?

当耳片长至五六成大小时，由于外界气温较高，如长期处在高温、高湿环境下，菌棒中的培养基容易感染杂菌，此外，随着耳片生长，在耳片上会产生担孢子，担孢子产生在耳片腹面，同时在耳片腹面也很容易滋生各种杂菌，尤其是白粉病，俗称“长白毛”。在耳片上出现“长白毛”现象时，应进行晒菌3～5天。由于白天气温较高，应该在晚间喷水10～20分钟，间隔3小时后再喷水10～15分钟。

60. 地栽黑木耳喷水时应注意哪些问题?

喷水是实现高产优质的关键措施之一，喷水过程中应注意以下几点。

(1) 催芽阶段 首次喷水时一定要等划口处的菌丝完全恢复或局部出现耳芽黑线时才可以进行，而且第一次喷水时要少喷勤喷，每次喷水10～15分钟，如当日最高气温不超过25℃可全天间隔性喷水，中午不停水，每次间隔时间不要过长，以耳芽不干为宜。

（2）耳片展开阶段 一般白天不喷水，当耳片生长到杏核大小时应在下午6时以后喷水，首次喷水为10～15分钟，之后每间隔30分钟喷10～15分钟，一直喷到晚8时，早6时再喷一次10～15分钟。

（3）耳片成熟阶段 耳片生长后期采收前，可采取全天间隔性喷水方法，间隔时间为1小时左右，每次喷水为10分钟，这样有利于耳片展开。

61. 干湿交替对耳片生长有什么影响？

耳片生长发育过程中应采取干湿交替的管理措施，出耳管理具有“干长菌丝，湿长耳片”的规律，如果在耳片开片后出现耳片生长慢、耳片发红变软或弹性下降，甚至发生烂耳等问题，主要是没有把握好干湿交替的规律造成的。长时间湿度过大，造成耳片根部积水，菌丝停止生长，耳片就失去了营养供应，耳片停止生长，造成烂耳。因此，在耳片生长阶段，必须采取干湿交替，晚间相对湿度应达到85%～95%，使耳片吸收水分快速生长。白天不喷水，让耳片适当干燥。如果长时间湿度过大应停止喷水，让阳光照射晒菌2～3天，待耳根处略干后，再喷水增加湿度。

62. 黑木耳菌棒能出几茬耳？如何管理可使菌棒多出耳？

黑木耳菌棒一般仅能出一茬耳，主要原因是黑木耳菌棒开口后在同一划口处很难形成二次耳芽，由于天气冷暖变化和阳光直射等原因，在耳片采摘后，菌棒耳片生长的基部菌丝已逐渐干枯、老化或死亡，不满足出耳的条件。但是，在耳片采摘后，在菌棒上还留存着没有长大的小耳芽或隐性原基，因此，当第一茬耳片采收后，将菌棒晒菌恢复菌丝生长3～5天，然后再进行喷水管理，可使菌棒上留存着没有长大的小耳芽或隐性原基继续生长发育形成耳片，实现多茬采摘。

63. 在林地、玉米地或菜园内可以栽培黑木耳吗？栽培场地如何选择和作畦？

在林地、玉米地或菜园内也可以栽培黑木耳，而且具有不占用农田、节约土地等优点。可选择近水源、向阳的林地、玉米地或菜豆的架下空间等作为黑木耳栽培的场所。

在林地、玉米地或菜园内栽培黑木耳的方法与大田露地栽培方法基本一致，应首先在林间、玉米行间、豆角架下做好菌床。

在林地做菌床时应根据林地树木的走向和树木间的宽窄作畦。

在玉米地栽培时应在玉米种植前按照宽窄行种植，一般宽行1.2米作畦摆放木耳菌棒，窄行种植玉米1～2行。

在菜豆架下应在两行菜豆间作畦，要有利于菌棒摆放和出耳管理。

在林间、玉米行间、豆角架下做好菌床后，即可按照大田地栽模式进行菌棒的摆放和进行出耳管理。

64. 在林地、玉米地或菜园内进行出耳管理要点有哪些？

在林地、玉米地或菜园内进行出耳管理的要点与大田地栽模

式的技术要求基本一致，关键是做菌床时菌床要高出地面 20 厘米以上，同时在菌床两边挖 30 厘米深的排水沟，防止下大雨后排水不畅浸泡菌棒。在林地、玉米地或菜园内空间的相对湿度比大田大，因此，更有利于菌棒催芽，但在耳片生长发育过程中，喷水的次数和喷水量要略低于大田栽培，耳芽出现后，喷雾状水，保持湿润环境，促进耳芽分化成子实体。耳片生长过程中可直接向菌棒喷水，随着耳片的生长，喷水量由小到大，喷水次数由少到多，干湿交替，耳片生长后期必要时应加大喷水量，防止耳片蒸发失水。

65. 立体串袋栽培黑木耳有哪些特点?

立体串袋栽培黑木耳由过去每亩栽培 1 万个菌棒增加到每亩 3 万～4 万个菌棒，占地面积少，保湿性好，节约用地，便于集中管理，同时还具有节约遮阳网、喷管、喷头、人工费、电费和用水等优点。

立体串袋栽培黑木耳采用直径 0.4～0.6 厘米、长 80 厘米或 1 米的圆冷拔钢筋，两头加工成尖状，用 70%的甲基硫菌灵，用量 0.1%溶液加 50 毫升渗透剂浸泡 3 小时后晒干备用，在菌床上间隔 25 厘米插入一根消毒好的钢筋，插入地下，深度以 20 厘米为宜，每个 1.2 米的菌床可插入 4 根钢筋，中间预留 40 厘米宽的木耳采摘通道，然后把打孔后的木耳菌棒袋口向下，依次在钢筋上插入 3～4 个菌袋串成一串即可。

66. 立体串袋栽培黑木耳如何搭建菌床?

立体串袋栽培黑木耳菌床以宽度 1.2 米、长度 40～50 米为宜，中间预留40厘米宽作业通道，每个床面高出地面10厘米，菌床间留有40厘米宽的作业通道或排水沟，床面全部整理好后，在每个床面上铺一层打孔地膜，在每床地膜的中间上面放一根同地床等长的微喷管，出水口朝下，每隔3～4米用铁丝固定好微喷管以防喷水时喷到菌棒割口处。

67. 立体串袋栽培黑木耳采用哪种划口方式好？

立体串袋栽培采用小孔打眼，选用65号锰钢制成的小三角刀头，刀头直径0.4厘米，长1.5厘米。一般每个菌棒可打180～200个小眼，打眼深度为0.5厘米。该划口方式易形成单片耳，出耳齐，无耳基，品质高。

68. 立体串袋栽培黑木耳出耳管理要点有哪些？

立体串袋栽培黑木耳菌棒开口后，在5～6天以保温为主，对湿度要求不高，尽量保持恒温，白天加盖一层遮阳网，晚间温度低于14℃时覆盖塑料薄膜保温，当划口处长出白色菌丝时开始早、中、晚向菌棒上面各喷水一次。7天后，在遮阳网上面喷雾化水，夜间喷水加大昼夜温差，一开始每天喷2～3次，每次1～2分钟，逐渐增加喷水次数和喷水时间，保持空气相对湿度在85%以上，以免发生“困菌”现象。每天通风2～3次，每次半小时，温度宜保持在17～22℃，管理10～13天，耳芽就会长出，此时每天喷雾化水3～5次，每次20～30分钟。幼耳期管理，干湿交替，每次喷水要求空气相对湿度达到95%。遇到连

续高温天气温度在 27℃以上时，待菌棒温度降到 20℃以下时才可以喷水，晚 7 时 30 分至 9 时 30 分开始喷水，不同地区开始喷水的时间不同，第一次喷水禁止喷大水，应喷 20 分钟，停 30 分钟，之后再喷 20 分钟，停 30 分钟，待耳基内部吸足水分时停水，这样可减少流耳或烂耳的发生。

69. 如何预防黑木耳病虫害的发生？

黑木耳病虫害会造成栽培上不同程度的减产和产品质量的下降，为了解决黑木耳生产中的这些问题，应根据黑木耳生长发育的特点，采取“预防为主，综合防治”的原则，努力改善黑木耳的栽培环境，减少和杜绝病虫害发生的机会。黑木耳病虫害的防治有两个目的，一是通过对病虫害的防治，使黑木耳菌丝体与耳片生长在一个良好的环境中，免受病虫的危害，从而获得高产、优质、安全的产品；二是在病虫害的防治中，要尽可能地减少对环境造成的污染。因此，从这两个目的出发，在防治病虫害所采取的每一项措施中，要评价其必要性、有效性及安全性，不可盲目地滥用杀菌剂、杀虫剂等剧毒或高残留的化学农药。

在黑木耳生长发育的各个阶段，均可能受到病虫害的侵害。由于黑木耳本身也属于菌类，加之菌丝和耳片富含的高营养，在人工栽培的环境条件下，病虫害一旦发生后，其传播蔓延的速度会很快，根治的效果一般不是很理想，如果治理不当极易造成农药的高残留。因此，在病虫害防治中，必须坚持防大于治的原则，通过预防不仅可以大大减少病虫害的发生，而且能够有效地降低治理成本，从生产实践来看，只要预防的措施设计合理，技术到位，病虫害基本可以避免。具体措施有以下几种。

（1）选用抗病、抗逆性强的品种 这是黑木耳栽培是否成功的一个先决条件，不仅要求品种高产、优质，而且抗病、抗逆性要强。品种的种性是指它固有的抗病性、抗逆性、丰产性及品质等遗传特性。菌种质量指标主要反映菌种制作的水平，包括菌丝生长健壮、萌发力强、吃料快、无污染、无虫害等。在引进优良品种时，要注意所选品种的生物学特点与当地的气候条件相适应，同时在引进后应首先通过出耳试验和示范性栽培，充分掌握该菌株的栽培特性后再用于生产。

（2）选择安排适宜的生产季节 要根据当地气候变化的特点和自身的栽培条件，选择安排适宜的生产季节。一般出耳菌棒制作期在12月至翌年2月期间，温度较低，杂菌较少，污染率低，在春夏季节进行出耳，合理安排菌棒下地时间，避免高温、高湿天气出耳。

（3）保持生产环境的整洁卫生 这是黑木耳栽培的一个必需条件，保持生产环境的整洁卫生，可以有效地铲除病虫害的藏匿，减少污染源。尤其是在多年生产的场地环境，更应定期或不定期地进行环境清理，接种室、培养室在使用前都应进行严格的消毒。在生产过程中，对发生的病虫害要及时地进行处理，防止病虫害的扩大蔓延。做到接种室、培养室要有专人负责打扫、消毒、定期检查，发现有污染的菌棒立即处理，不可随地乱丢。出耳过程中发现病耳、虫耳要及时除去，采下的病耳、虫耳要集中销毁或深埋，不可随意丢弃。

（4）严格规范生产操作程序 在生产过程中的每一个阶段，都应严格地按照规范的生产程序来操作，不要怕麻烦，不要图省事，“一着不慎、满盘皆输”这句话用在生产上一点也不为过，接种应严格按照无菌操作规程，提高成品率，既可降低成本，又可减少病虫源。例如，母种出现污染，就得重新购买，否则转接原种或栽培种后会出现大面积污染，损失更大。

（5）配制最适宜的生长基质 黑木耳菌丝体的生长发育、出耳离不开基质，就像绿色植物的根离不开土壤一样。选用优质、无霉变、无虫蛀的栽培材料，培养料配比要合理，配料勿加过多的糖和氮素营养，并进行严格的灭菌处理，配制最适宜菌丝体生长的基质，才能增强它的抗病和抗逆的能力，菌丝生长越健壮，越快速，病害的发生概率就越小，即使有小的污染菌丝也能把它覆盖过去。如果基质配制不好，菌丝的生长势差，抗病和抗逆的能力降低，病菌就会乘机大量繁殖，侵害菌丝，致使菌丝不能生长而死亡。

（6）创造最适宜的生长环境 黑木耳菌丝体的生长发育、出耳离不开适宜的培养基质，同样也离不开适宜的外部生长环境。温度、湿度、空气及出耳期适宜的光照对它的生长发育影响很大，在生产上为了避免病虫害的发生，在温度的管理上，一般采取比它要求的温度略低的培养措施，例如，黑木耳菌丝体的最适宜生长温度是23～25℃，但在实际培养过程中温度降低在18～22℃最健壮，在此温度条件下病菌发生的概率小，菌丝的生长虽然慢一些，但更加健壮。

（7）提高栽培管理技术水平 提高栽培管理技术水平，提供一个有利于黑木耳生长发育且不利于病虫滋生的生态环境条件。在栽培管理过程中要经常认真细致地进行检查，一旦发现病虫害，就要及时采取措施进行防治控制，避免扩散蔓延。

70. 黑木耳病虫害防治的方法有哪些？

（1）生物防治 生物农药是一类利用生物的代谢产物或病虫害的天敌而生产的杀菌杀虫剂，如抗霉菌素120、武夷菌素、多抗灵、阿维菌素、苏云金杆菌乳剂等。这些制剂在农业生产上应用较早，近年来也逐渐在黑木耳生产中得到运用，并取得了较好的效果。但是，目前在这方面的应用研究不是很完善，存在的主要问题是生物农药制剂中的有效成分不够稳定，并且在强光的照射下易产生分解，需要在运输、贮存及施用中采取避光措施，如在阴天或晚上施用。此外，与化学农药相比，在灭杀病虫害的效果上也比较慢，且药效作用时间短。因此，生物农药要想达到完全取代化学农药的目的，还有许多工作要做。

（2）物理防治 物理防治是借助自然因素或采用物理机械的作用杀死或隔离病虫害的方法，主要有以下几种。

①干燥法。主要用于对原材料的干燥处理，在配制培养基前通过对原材料在日光下的暴晒，可使藏匿于材料中的部分杂菌和虫卵脱水干燥而死。

②水浸法。一是用于对原材料的水浸处理，在配制培养基前通过对原材料在石灰水中的浸泡，不仅可有效地防治杂菌，而且可使害虫在水中缺氧而死；二是用于对菌棒的水浸处理，同样可使菌棒内的害虫缺氧而死。

③冷冻法。主要是在冬季发菌阶段菌棒初发病虫害或发生较轻时，通过突然降温来抑制病虫害的快速蔓延，因为病虫害都喜欢较高的温度，在低温下生长很慢，甚至死亡，尤其对成虫的冻杀作用很好。但是该法应在出耳前或采耳后进行，否则会造成子实体的冻害而死亡，特别是幼小的耳芽。

④避光法。主要应用于菌丝体培养阶段，通过在黑暗下培养的避光措施。该法既有利于菌丝的生长，又可避免一些害虫的趋光性飞入。

⑤隔离法。该法是通过在门窗上和通气口安装纱窗来阻止害虫的飞入，由于害虫的躯体都较小，要求安装的纱窗眼不能太大，一般以60目的纱网为宜。

（3）利用害虫的习性防治 害虫的种类繁多，而不同的害虫又具有不同的习性，如趋味性、趋光性等。可以利用害虫的这些习性来达到捕捉或杀死害虫的目的。

①趋味性。主要包括香味诱杀、糖醋味诱杀、蜜香味诱杀等几种。

香味诱杀：螨虫类对炒熟的菜籽饼或棉籽饼香味有趋味性，因此可将炒熟的菜籽饼或棉籽饼撒到纱布上，诱集螨虫达到一定数量时，再把纱布放到开水中或浓石灰水中浸泡，杀死螨虫。

糖醋味诱杀：蝇虫类和螨虫类害虫对糖醋味有趋味性，因此可在盆内放入糖醋液，诱使害虫落在盆内的液体中淹死。

蜜香味诱杀：在0.1%的鱼藤酮或1：（150～200）的除虫菊药液中加入少许蜂蜜，可诱杀跳虫。

②趋光性。蝇蚊等害虫具有趋光性，在培养室内或室外置一盏黑光灯或日光节能灯，在灯光下放一个诱杀盆，害虫扑灯落入盆中即被杀死。还可在光照处挂黏虫板，板上涂抹40%的聚丙烯黏胶，害虫一旦落在上边即会被黏住不能飞走，黏住一定数量时再更换。

③ 喜湿性。跳虫等害虫喜欢在潮湿的环境中活动，在培养室边角处做一水槽或水沟，可诱使跳虫进入后再杀死。

（4）化学药剂防治 黑木耳栽培上不提倡使用化学药剂，尤其是在出耳期，黑木耳栽培周期短，农药极易残留在子实体内，对人体健康不利。在栽培过程中，必须使用农药时应注意：用药前一定要将黑木耳全部采完，严禁使用剧毒农药，对残效期长、不易分解及有刺激性气味的农药，不能直接用于菌床或菌棒上，尽量选用高效、低毒、低残留、对人畜和黑木耳无害的药剂，并掌握适当的浓度，适期进行防治。目前在我国已登记注册可在食用菌生产中使用的农药有咪鲜·氯化锰、氟虫腈、菇净、优氯克霉灵、霉得克和保利多等，这些都是比较新型的低毒高效杀菌杀虫剂，可以根据实际需要选择购买，并按照其说明规范使用。

71. 黑木耳生理性病害有哪些？病因是什么？如何防治？

黑木耳生理性病害是由于环境因素引起的各种生长异常的现象，主要有以下几种。

（1）菌丝徒长 黑木耳菌棒发菌结束后至出耳前表现为气生菌丝繁茂浓密，甚至长成厚厚的气生菌丝层，而迟迟不出耳。

发生原因：空气相对湿度过高，气温过高，通风不良，黑木耳菌株生物学特性与栽培环境条件不匹配，基料碳氮比例失调等。

防治措施：科学设计配方，加强通风，降低湿度，降温，菌种生产时，连同其基质一起挖取后接入下级菌种。

（2）拮抗线 菌棒菌丝生长的尖端不再继续发展，菌丝积聚，由白变黄，形成一道明显的菌丝线，或者菌丝接壤处形成一道明显突起的菌丝线条，如同两军对垒，互不相让。

发生原因：一是培养基料含水量过高，菌丝不能向含水量高的料内深入，形成拮抗线；二是菌种混杂，或者菌棒内接入了两个不同类型的菌种；三是黑木耳菌丝与杂菌菌丝对垒形成的拮抗线。

防治措施：培养基料内的含水量一定要适宜，防止菌种混杂，特别是在一个菌棒内只能接入同一品种。

（3）菌丝稀疏 菌丝体表现为稀疏纤弱、生长无力、生长速度慢等现象。

发生原因：品种特性退化，菌种老化，菌种自身带有病毒病菌，培养基料营养配比不合理，培养基料含水量过低，培养基料 pH 过高或过低，培养室温度过高，湿度过大等。

防治措施：选用优质菌种，科学合理地调配培养基料，注意培养基料 pH 的变化，调控培养室的温度至适宜黑木耳菌丝生长的环境。

（4）菌丝不吃料 菌丝体浓密、洁白，但菌丝体不向下伸展生长。开袋检查发现有一道明显的“断线”，培养基料色泽变褐，并有腐酸味。

发生原因：培养基料配方不合理，原料中混杂有不适宜黑木耳菌丝体生长的物质，培养基料水分过大，菌种老化或退化等。

防治措施：合理选择原料，配方应科学合理，适量用水，选择适龄的优质菌种。

（5）退菌现象 菌棒培养过程中菌丝体逐渐失白，继而消失。

发生原因：品种种性退化或老化，培养基料水分太高，闷热不通风等造成菌丝体自溶。

防治措施：严格控制菌种来源，选用优质品种和菌种，控制培养基料含水量在适宜水平，高温季节尽量避免菌棒间的过分拥挤，防治菌棒温度过高。

（6）发菌极慢 菌棒培养过程中菌丝体生长慢，菌丝迟迟不能长满菌棒。

发生原因：培养基料水分过大，通透性差，菌丝无法深入内部；培养基料灭菌的起始温度低或者装料与灭菌间隔的时间偏长，高温时培养基料酸败；培养基料配方不合理，或者所用的某些化学物质对菌丝体发生抑制；品种的特性不适应或者性状退化等。

防治措施：调控培养基料配方，保持适宜的含水量，选择适合本地区的优质适龄菌种，装袋后应立即灭菌。

（7）死耳现象 耳片尚未发育成熟时便萎缩、死亡，有时甚至成批出现，手触摸时表面干爽无黏液。

发生原因：出耳过密，营养不足，持续高温高湿，通风不良，氧气不足，缺水导致幼耳无法生长；采耳或其他管理操作不慎，造成机械损伤；或者使用农药不当，产生药害等均可引起耳片死亡。

防治措施：根据上述发生原因，应采取相应措施，如通过喷水降温、改善环境条件、正确使用农药等。

72. 黑木耳流耳的病症是什么？发病原因有哪些？如何防治？

耳片生长过程中发生的流耳是指耳片细胞充水破裂的一种生理障碍现象。黑木耳在接近成熟时期，不断地产生担孢子，消耗子实体中的营养物质，在温度较高、特别是湿度较大而光照和通气条件又比较差的环境中，易发生流耳。有时受细菌和害虫的影响也会产生耳片溃烂导致流耳。发生流耳时，木耳产量一般要减产二至三成，严重时甚至绝收。

防治方法：一是菌棒发菌培养过程中要控制好温度，不要让菌棒菌丝体在过高的温度下生长。菌棒培养过程中温度长时间高于 28℃，会使菌丝体细弱，不利于后期子实体生长时的营养输送，易造成出耳时发生流耳或烂耳现象。二是栽培场所应选择在空气清新、通风向阳、靠近水源的地方。选定场地后，要严格消毒灭菌和清除枯枝烂叶及杂草等，以防治杂菌和害虫侵染。三是在耳片生长过程中，要加强管理，及时采收。如果已经出现流耳，应及时采摘，快速干制，以减少损失。采摘木耳后，立即清除黏附于菌棒上的胶质物，并在阳光下晒菌 5～7 天。

73. 黑木耳烂耳的病症是什么？发病原因有哪些？如何防治？

烂耳症状：黑木耳耳片生长初期出现红根，耳片长不大、不开片、稍动就脱落，耳片基部菌丝少或无菌丝，培养基变黑，部分有针状肉质突起。

发生原因：烂耳主要是由于培养料的pH不适宜、菌棒培养过程中温度偏高或空气湿度过大、培养基含水量过高等原因造成。有时也因菌种被螨虫侵蚀造成烂耳。

防治方法：在配制培养基时，拌料、装袋要环环紧扣，以防培养料变酸使pH降低。菌棒培养过程中应尽量控制温度不要超过28℃。在出耳过程中，一定要掌握好摆袋出耳的时间，最好的摆袋出耳条件是白天温度在13～20℃，在原基分化催芽期，空气相对湿度应控制在85%～90%，及时通风换气，防止黄水产生引起烂耳。耳片生长期要做到干湿交替、经常晒菌，有利于菌丝体和耳片的同步生长。

74. 黑木耳白醭病的病症是什么？发病原因有哪些？如何防治？

白醭病病症：白醭病是由于黑木耳子实体腹面或耳基周围生长菌丝所致，被感染的部分，表面密生白色粉状菌丝或大量白色的分生孢子，俗称“长白毛”。耳片患病后，耳片停止生长形成僵耳。将病耳采收后，新长出的耳片仍然会出现白粉状的杂菌，严重影响木耳的产量和品质。

发病原因：地栽黑木耳进入高温多雨期，菌棒之间通风差、高湿、闷热等容易引起该病的大量发生，特别是伏耳，极易感染发病。该病具有潜伏性，严重危害地栽黑木耳的耳片生长发育。

防治方法：一是要掌握好生产时间，下地摆放菌棒时间不要过晚，在允许的情况下尽量早下地，避免出耳遇到高温高湿期；二是在地表面均匀地撒一层石灰，消毒灭菌；三是进行轮作，多年使用的出耳场，病菌较多，在有条件的情况下应尽量实行轮作，有利于提高黑木耳的产量和品质。

75. 什么是黑木耳非生理性病害？有何特点和类型？

黑木耳的非生理性病害是由不同的病原微生物侵染菌丝体或子实体后引起的，因此，一般非生理性病害又称为侵染性病害。可侵染的病原微生物主要有真菌、细菌和病毒等，因而，按侵染病原微生物的不同，又分别称为真菌性病害、细菌性病害、病毒性病害等，其中，真菌性和细菌性病害较易发生。常见的真菌性病害有子实体枯萎病，细菌性病害有菌棒腐烂病和子实体腐烂病。

传染性是非生理性病害的一个显著特点，也是它与生理性病害在危害性上的不同之处。其传染方式主要是病原微生物在经过侵染引起发病后，病原物就会在菌丝体内外产生大量的繁殖体，这些繁殖体可以是带菌的材料，也可以是孢子或芽孢等。繁殖体再通过各种途径，如操作时手上带菌、风力传播等侵染更多的寄主，如果某种病菌能够不断地反复侵染引起发病，那么就会造成该病的流行。

根据病原微生物的危害方式，可以分为寄生性病害、竞争性病害以及寄生兼竞争性病害3种病害类型。

寄生性病害的特征：病原微生物可以直接从黑木耳的菌丝体或子实体里吸取养分，使黑木耳的生长发育受到影响，产量和品质降低，这类病原物主要是病毒。

竞争性病害的特征：病原微生物着生在培养基质上，并与黑木耳菌丝体争夺养分和生长空间，结果使产量和品质降低，这类病原物主要是真菌和细菌。

寄生兼竞争性病害的特征：病原微生物在与黑木耳菌丝体争夺养分和生长空间的同时，还可分泌出对菌丝体有害的毒素，使黑木耳菌丝体死亡，例如木霉引起的病害。

76. 如何鉴别黑木耳非生理性病害？非生理性病害的发生有何规律？

黑木耳非生理性病害的鉴定主要是根据发病症状和分离出的病原微生物来鉴定，由于不同的病原菌有时会产生相似的症状，所以最终的鉴定结果要以侵染的病原菌为准。当病原菌侵入后，菌丝体或子实体表现出来的不正常特征称为症状，因此发病症状是病原菌特性和菌体特性相结合的反映。在观察发病症状时，应首先对栽培场地及其周边的环境有所了解，然后再对病害仔细观察并进行记载，记载时描述一定要规范准确，并拍成照片，以便进一步查对。

在病害特征非常明显、具有典型症状的情况下，一般可初步判断出病害的类型或病种，如果无法确定时，则需检出病原菌做进一步的鉴定。

无论是菌丝体生长阶段，还是子实体生长阶段，高温、高湿、通风不良的环境条件都易导致黑木耳非生理性病害的发生。在不良的环境条件下，首先是菌丝体或子实体的生长受到抑制，出现生理性的病征，紧接着病原菌乘虚而入，并大量繁殖发生病害。如果病害在较大面积上发生，其发病通常要经过初侵染和再侵染的过程。病原菌第一次侵染菌种的个体称为初侵染，经过初侵染引起菌体发病后，病原菌在菌体内大量繁殖，再侵染其他的菌体，因此发病的规律是一个由点到面、逐步发展的过程。但是，在生产上有时也会突然发生大面积病害，这种情况除了与菌种本身携带杂菌有关外，往往伴随着气温的突然升高。在高温高湿的环境条件下，由于黑木耳菌种不耐高温，致使菌体的抗病能力降低，而病原菌则乘机大量繁殖，迅速侵染菌体，结果导致大面积病害的突然发生。

病原菌侵染菌丝体的途径一般有两种：一是培养材料本身带菌，由于在灭菌过程中对杂菌灭杀不彻底，因而在菌丝生长的同时，病菌也随之繁殖扩大并侵害菌丝体；二是外界杂菌的侵入，如接种时操作不严，接种工具和手上带菌，或空气中的病菌进入袋内侵染菌丝体。此外，如果菌种带菌时，则菌种也成为传染源，母种带菌会传染原种，原种带菌会传染栽培种，栽培种带菌又会传染栽培袋，因此，制种一定要严格，杜绝使用带菌的菌种，否则会使成批的菌棒报废，造成无法挽救的损失，危害性更大。

病原菌侵染子实体的途径主要是通过外界病菌的传播，例如土壤、不洁净水、害虫以及空气中的病菌。

根据非生理性病害发生的特点，在预防上应首先明确菌种、病原菌、环境三者之间的关系，一般来讲，非生理性病害是在病原菌的侵染下发生的，如果没有病原菌的侵染不会产生病害，但是在病原菌侵染的情况下，并不是一定会发病，发病的条件取决于以下两个方面。

（1）菌种的抗病性　菌种的抗病性是决定是否发病的内在因素，菌种的抗病性越强，发病的概率就越小；菌种的抗病性越弱，发病的概率就越大。不同的品种抗病性不同，就是同一品种在不同的生长阶段其抗病的能力也有差异。菌种抗病性的强弱主要是由其基因型即遗传因素决定的，此外，也与其生长的基质有很大的关系，基质的理化结构越好，越有利于其生长，就越有利于发挥它的遗传抗病能力。从生长阶段来看，幼耳期和衰老期抗病能力弱，旺盛生长期和成熟期抗病能力强。

（2）环境的适宜性　从菌种与环境的关系来讲，环境越有利于菌丝体和子实体的生长，抗病性越强，发病的概率就低；而环境不利于菌丝体和子实体的生长时，抗病能力降低，发病的概率

就高。

从病害与环境的关系来讲，病害的发生与病原菌的侵染能力有关，而病原菌的侵染能力又与其在环境中的基数有很大的相关性。当环境不适宜病原菌的繁殖时，环境中存在的病原菌基数少，它的侵染能力相对低，发病的概率就低；相反，当环境适宜病原菌的繁殖时，环境中存在的病原菌基数大，其侵染能力强，发病的概率就高。

总之，病害的发生取决于菌种与病原菌的相对强弱，从某种意义上来看，菌种本身都是具有一定抗病性的，只要不断满足它对环境的要求，为其提供适宜的生长环境，保持它的抗病能力，是可以抵御病害发生的。但是，从另一方面来说，菌种的抗病性也是相对的，在菌丝体和子实体的生长发育过程中，每时每刻都有可能受到病原菌的侵染，因为病原菌是一大类，在环境中这种或那种病原菌始终是存在的。只要有病原菌的存在，病原菌就有可能随时对它发起攻击进行侵害，并在一定的环境条件下发生病害。因此，杀灭或抑制环境中病原菌的繁殖，隔绝病原菌或阻断其传播途径，减少病原菌的侵染概率，对于预防病害的发生都是非常重要的。

77. 在黑木耳栽培中常见的杂菌有哪些？如何进行防治？

在黑木耳栽培中常见的杂菌主要发生在三级菌种的制种过程中，在出耳阶段如果管理不当也会有杂菌感染，杂菌主要有以下几种。

(1) 链孢霉 链孢霉也称为红孢霉、红霉菌、脉孢霉，是一种对黑木耳菌种或菌棒威胁极大的病原菌，一旦发生，会造成毁灭性的损失，因此被生产者称为“黑木耳的癌症”。污染黑木耳的菌种主要是粗糙脉纹孢霉（N. *crassa*）和面包纹孢霉（N. *sitohila*，又名好食脉孢霉）。

形态特征：菌丝透明疏松，网状有隔膜，初期白色，继而产生大量橘红色粉状孢子，由于链孢霉的分生孢子呈粉红色或红色，故通常称为红色链孢霉。在固体培养基上生长菌落初为白色粉粒状，后在菌落边缘形成绒毛状气生菌丝，产生大量成团的分生孢子。

发生与危害：链孢霉在自然界中分布广泛，空气、土壤、腐烂植物、谷物等都有存在，其生活力强且生长速度极快，特别是在高温、高湿的条件下生长迅速。温度在25～36℃时生长速度最快，在试管母种PDA斜面培养基上24小时就可长满。分生孢子较耐高温、湿热，70℃时4分钟才失去活力，干热灭菌条件下可耐受130℃高温。链孢霉可污染黑木耳的母种、原种、栽培种，但在出耳菌棒上很少发生。在三级菌种生产中，如果被链孢霉污染，病情发生极快，传播迅速，一般接种后2～3天即可发现，有的能从棉塞上长出成串的孢子穗，形成橘红色的分生孢子。在出耳菌棒中，链孢霉的初生菌丝呈棉絮状，逐渐长成肉色突起，后期见光后逐渐变红。

防治方法：链孢霉一旦发生几乎无药可治，因此，对于链孢霉的防治重在“防”上，重点要把握好以下几个环节。

①选择适龄、健壮、抗性强的优质菌种作为母种，接种时加大接种量，降低链孢霉的发生概率。制菌生产应尽量避开高热、潮湿的夏季高温期，在初秋拌料栽培时减少辅料的用量。

②注意搞好环境卫生，废料要及时处理，拌料室、接种室、培养室使用时，应该有专人负责清洁、消毒。在栽培老区，培养室、接种室要进行大剂量的药物消毒及交替使用多种灭菌剂。

③培养料应保持新鲜无霉变，木屑保藏时不要被雨淋，要采用新鲜无霉变的麦麸、米糠、豆粉。储藏培养料的地方应该远离生产场地尤其是培养室。

④栽培袋应该灭菌严格、彻底，禁止使用受潮的棉塞。灭菌时严防瓶盖纸或棉塞受潮，灭过菌的菌瓶或菌棒应直接进入接种室，接种时操作人员必须严格遵守无菌操作规程。

⑤定期检查，发现链孢霉污染应及时处理，对瓶外、袋外已形成橘红色块状孢子团的，不要轻易触动污染物，由于孢子极易扩散，要用纸或塑料袋裹好后进行销毁或灭菌处理，切勿用喷雾器直接对其喷药，以免孢子飞散而污染其他菌种瓶或菌棒。发生红色链孢霉污染的菌室，可用5%硫菌灵可湿性粉剂或500倍的甲醛、新型产品杀霉净进行灭菌处理。

⑥不要把已被链孢霉污染的菌棒放在菌场上暴晒或扔到河里，因为在高温高湿的条件下，链孢霉孢子会大量萌发并随风传播，致使空气中存在大量的链孢霉孢子，形成空气污染，给黑木耳生产造成严重威胁，而应该将被感染的菌棒进行深埋或焚烧。

(2) 曲霉 曲霉又名黄霉菌、黑霉菌，危害黑木耳栽培的主要是黑曲霉（*Aspergillus niger*）、黄曲霉（*Asp. flavus*）和灰绿曲霉（*Asp. glaucus*）。

形态特征：菌丝无色，有隔膜和分枝。分生孢子梗从细胞内垂直生出，无分枝和隔膜，顶端膨大呈圆形，放射状密生许多小梗顶端，球形、椭圆形或卵形。在培养基上菌丝初期为白色，以后则出现黑、黄、棕等颜色。

发生与危害：曲霉菌适宜在温度在25℃以上、湿度偏大、空气不流通的环境下生长。曲霉多侵染培养基表面，使其与空气隔绝，争夺培养基养料和水分，并分泌出有机酸和曲霉素，严重影响黑木耳菌丝的生长发育，同时发出一股刺鼻的臭气，致使黑木耳菌丝死亡。此外，在出耳阶段曲霉菌也可危害耳片，造成烂耳。

防治方法：与防治链孢霉一样重在“防”上，要把握好以下几个环节。

①把好拌料关。培养基的含水量以60%左右较为适宜，不

要用水长期浸泡原料，否则料因水分太大而透气性差，易霉烂。

②严格管理。加强培养室的通风，适度降低培养室温度和空气湿度，净化周围环境，有利于黑木耳菌丝生长，减少污染。

③对少数、局部表面污染曲霉的菌棒，用5%～10%石灰水洗刷，或用49%的甲醛溶液涂抹，然后撒石灰和硫黄（2∶1）混合剂也可控制。

④地栽出耳阶段一旦发生污染，首先应停水晒菌，在随后的管理中加强通风，降低空气相对湿度。污染严重时，可喷洒pH为9～10的石灰清水或500倍的硫菌灵溶液。

(3) 木霉 木霉也称为绿霉，危害黑木耳栽培的主要有绿色木霉菌（*Trichoderrna viride*）和康氏绿霉菌（*T. koningii*）。

形态特征：木霉菌丝生长浓密，初期呈白色斑块，逐渐产生绿色孢子。菌落中央为绿色，向外逐渐变浅，边缘为白色，后期逐渐变为黄绿色、深绿色，最后变成墨绿色。菌丝有隔膜，向上伸出直立的分生孢子梗。在菌种培养基或耳片上初期为白色纤细的菌丝，逐渐由感染处向四周变绿。

发生与危害：木霉多发生在通风不良、湿度偏高、气温较低的培养室内，一旦培养袋或瓶内染上此菌，5～7天即可污染全袋。木霉的适宜温度为15～30℃，容易在偏酸性环境中生长，适宜其发生的pH为3.5～6，木霉主要靠分生孢子借空气传播。常污染培养基与黑木耳菌丝体争夺养分，使培养基变成绿色，发臭松软。木耳采摘后留在菌棒上的耳根也很容易受木霉的感染，耳片被木霉污染后，造成耳片腐烂。

防治方法：绿色木霉广泛存在于自然界的各种有机质和土壤中，空气中也到处漂浮着绿色木霉菌的分生孢子。在代料栽培黑木耳时，木霉孢子也存在于木屑、麸皮等培养料中，主要防治措施如下。

①培养料要求新鲜不受潮、无霉烂变质，拌料时含水量适中，适当调高pH，灭菌要彻底，常压灭菌时保持100℃恒温10

小时以上。

②加强管理，保持培养室内温度适合黑木耳菌丝生长，加快空气循环。

③发生少量污染或料面感染时，可用石灰、多菌灵或代森锌溶液涂抹或喷洒到染菌部位，若深处污染，可用注射器将上述药液注入其中控制病害发展。

④栽培场地要清洁，出耳期间，注意通风，避免高温。

⑤喷水要及时、适量，菌棒内不能积水，否则，易使菌丝死亡，并发生木霉侵染。

⑥耳片采收时，不要留下耳梗，也不要把培养基带起，因为采耳留下的伤痕也易遭受木霉的侵染。

（4）毛霉、根霉

形态特征：毛霉与根霉的形态及生理特征基本相似，生长时对湿度要求较高，均属于好湿性菌类，在生产中统称为“长毛菌”。其菌丝生长极快，菌丝体呈白色或灰白色，2天后在菌丝顶端出现肉眼可见的黑色颗粒，即孢子囊，囊中有大量孢子，孢子囊成熟后破裂，并释放出孢子。这两种霉菌生长的适宜温度为16～23℃，但有时低于15℃或高于23℃也会发生和蔓延。

发生与危害：引起毛霉与根霉污染的主要原因是培养基通风不良、湿度过大、棉塞受潮或培养基含水量过高等。毛霉与根霉污染培养基，使培养基中的养分遭到破坏，影响黑木耳菌丝体的正常生长发育。

防治方法：可以采取加强室内通风换气、降低空气相对湿度的方法控制其发生。在培养基上一旦发现污染，应用70%～75%酒精注射患处，并可用pH为8.5的石灰水涂刷患处，以控制扩散。

（5）酵母菌

形态特征：酵母菌菌落为乳白色，繁殖迅速。菌种培养料污染酵母菌后发酵变质，湿腐状，散发出酒酸气味。酵母菌在自然界中分布广泛，高温高湿利于其生长。制种期间主要因为灭菌不彻底、棉塞受潮等引起酵母菌感染。

防治方法：试管母种要灭菌彻底，保藏过程中要避免试管棉塞受潮。原种、栽培种培养料要选择无霉变的原材料，拌料时加水不能太多，温度也不能太高。加大木耳菌种的使用量，选择优质适龄的菌种。培养室初期温度应控制在25～28℃，使黑木耳菌丝体迅速长满料面。

（6）细菌

形态特征：细菌是单细胞的原核微生物，种类繁多，形态千差万别，但其主要形态分为球状、杆状和螺旋状，分别称为球菌、杆菌和螺旋菌。细菌一般都很微小，仅几个微米，有些种类有鞭毛。污染黑木耳菌种培养基的细菌种类以芽孢杆菌较常见，其次为荧光假单胞杆菌。

发生规律：细菌广泛存在于自然界中，土壤、空气、水、有机质中都有大量的细菌，高热高湿利于细菌生长，条件适宜时从发生到形成菌落仅需几个小时。芽孢杆菌在环境条件不利时，母细胞内可形成休眠芽孢，这种芽孢极耐高温。培养基灭菌不彻底，接种时操作不当，菌种本身带菌，培养料含水量过高，都是引起细菌污染的原因。

防治方法：细菌的污染主要发生在三级菌种扩繁及培养过程中，应采取相对应的防治措施。

①菌种培养基以及培养器皿必须彻底灭菌，灭菌时温度、压力、时间都要达到规定的要求，在接种时严格按照无菌操作规程进行。

②母种、原种必须保证无细菌污染，选择优质适龄的菌种扩繁制菌，母种转接原种时加大母种的接种量。

③原种、栽培种培养料要选择新鲜、无霉变、无虫蛀原料，拌料时水分不能太多，酸碱度（pH）要在7以上。

78. 在菌棒出耳过程中如何防治绿藻的发生？

地栽黑木耳进入出耳阶段后，如果喷水管理不当，菌棒内常会积水而发生绿藻（俗称青苔），继而发生细菌或霉菌污染。造成耳片红根及烂耳，致使木耳品质下降、产量减低。

（1）发生原因 一是菌棒发菌期或菌棒下地摆放后催耳期温度过高造成菌棒发热，菌棒内产生黄水或红水，进而产生绿藻；二是菌棒下地摆棒时间过早而喷水催耳时间较晚，由于前期菌棒晒菌时间过长，使塑料袋与菌体分离，喷水时水顺着划口流入袋内易产生绿藻；三是喷水的水源水质差，水内含有杂菌或绿藻，喷水后在菌棒上杂菌或绿藻迅速繁殖。

（2）防治方法 选用菌丝生长快、抑制杂菌能力强、出耳较快的品种。菌棒在培养室内发菌过程中避免温度太高而造成菌棒发热，菌棒下地后划口催耳阶段采用草帘覆盖催耳等方法进行催耳。

绿藻发生后应采取的措施：停止喷水进行晒菌，晒菌可将袋内水分晒出，使绿藻失水死亡，晒菌前最好将袋内积水处的菌棒塑料袋划破放水。

79. 在黑木耳栽培中常见的虫害有哪些？如何进行防治？

黑木耳栽培中常见的害虫有螨虫、线虫、跳虫等，其危害特征及防治方法如下。

（1）螨虫 螨虫有粉螨和蒲螨两种，俗称菌虱，是黑木耳栽培中的主要害虫。

形态特征：蒲螨个体很小，一般肉眼不易分辨，多在试管培养基斜面上或菌种袋及出耳菌棒内表面集中成团，呈咖啡色。粉螨个体较大，白色发亮，一般不成团，数量多时呈粉状。

发生与危害：螨虫主要来源于仓库房的原材料中，通过原材料和蝇类等带入制种车间或培养室。蒲螨和粉螨繁殖均很快，以啃食黑木耳菌丝体为生，一旦发生后被危害的菌种或菌棒内接种口的菌丝首先被啃食而变得稀疏，产生"退菌"现象，影响后期出耳，并造成烂耳或畸形耳。发生严重时菌丝体被吃光，不能出耳，造成绝产。

防治方法：发生螨虫后难以根除。因为螨虫个体小，繁殖快，又钻进菌种或菌棒的培养基内，不宜彻底消灭。因此，应以预防为主，保持场区内外周围清洁卫生，远离鸡舍、猪舍、仓库、原材料棚区等地方。培养室应熏蒸消毒，在菌种或菌棒进入培养室前，为防止螨虫发生，可提前用0.5%除虫菊喷洒，调节室温到20℃，关闭门窗，杀灭螨虫的同时可进行灭菌处理。在集中催芽期，菌床应进行除虫灭螨处理，向床面喷洒0.5%的除虫菊，出耳时若耳根上发现螨类，可用20%虫螨杀进行喷雾灭虫。

（2）线虫

形态特征：木耳线虫呈粉红色，是一种线状的蠕虫，似蚯蚓，但个体小，体长1毫米左右。木耳线虫繁殖很快，由卵发育到成熟只需7～10天。幼虫2～3天就发育成熟，并可以再生幼虫，在14～20℃的条件下，3～5天就可以完成一个生活周期。

发生与危害：线虫主要由培养料和水源带入培养室或出耳场地，常在雨季、闷湿、不通风的情况下大量发生。耳片受害后，仔细检查可发现耳片内有丝状红色或灰色的线虫，大部分是小杆耳线虫。线虫侵入耳基内会蛀食耳片并带入细菌，造成耳片边缘腐烂、流耳或烂耳，不能食用。线虫有时还蛀食耳基，使耳片失去生长发育的能力，造成减产歉收。

防治方法：菌种或菌棒培养基灭菌要彻底，水源清洁，发菌培养室应事先消毒，出耳时注意通风，定期检查。若在耳芽突起时发生线虫，可用0.5%石灰水或1%食盐水，在阴凉天喷洒几次。

(3) 跳虫

形态特征：跳虫是一种跳尾目昆虫，密集时形似烟尾，故称为烟灰虫。幼虫白色，成虫灰蓝色，有灵活的尾部，弹跳如跳蚤。跳虫繁殖速度极快，每年可发生6～7代。

发生与危害：跳虫常聚在潮湿阴暗处，能危害菌丝和咬食子实体。大量发生时，会聚集在耳片上，致使小耳枯萎死亡。

防治方法：经常保持场地内外的清洁卫生，随时清除废料，培养室的通风口及门窗要安装纱窗。培养料按要求严格处理，用生石灰水浸泡或发酵灭菌，培养室在菌种或菌棒进入前要进行熏蒸杀虫。采用黑光灯诱杀，在灯下放一个盛有洗衣粉溶液的水盆，引诱成虫跳入水盆内。药物防治可用锐劲特、菇净等进行喷雾。

除了上述虫害外，在黑木耳生产中还经常会遭受老鼠的危害。在黑木耳菌种或菌棒发菌培养阶段，由于黑木耳菌丝有特殊的香味，老鼠喜欢撕咬菌棒或撕扯菌棒棉塞做窝。菌棒被咬破后杂菌随机侵袭而污染菌棒，尤其是在春季，1～2天内红色链孢霉即迅速在破口处繁殖。培养室在使用前应进行一次统一灭鼠，在黑木耳菌棒发菌培养过程中培养室内应始终放有鼠药，鼠药应投放在墙角或门口，并定期检查更换鼠药。

80. 黑木耳为什么不宜在室内或日光温室内栽培?

黑木耳出耳阶段需要同时满足温度、湿度、光照和通风的要求，缺一不可。因此，在室内栽培黑木耳时，虽然能满足温度、湿度的要求，但室内光照和通风不足，远远达不到耳片生长对光照和通风的需要。在日光温室内栽培黑木耳时，虽然能满足温度、湿度、光照的要求，但通风条件差，达不到耳片生长对通风的需要，黑木耳品质差。此外，日光温室栽培黑木耳时易形成高温、高湿的环境，引起黑木耳菌棒被杂菌感染。

81. 大棚吊袋栽培黑木耳有哪些优点?

大棚吊袋栽培黑木耳是采用空中悬挂的方式进行出耳管理，空间利用率高，在栽培面积相同时，其摆放菌棒的数量是地栽黑木耳的4～5倍；吊袋栽培生产的黑木耳干净无泥沙等杂质，品质更佳；大棚吊袋栽培黑木耳可以有效控制吊袋时间，保证春耳、秋耳在最佳生长期生长、采收，实现一年栽培两茬，而且可以有效防止各种自然灾害；春耳、秋耳的品质更高，市场价格较高，提高了经济效益。

82. 黑木耳吊袋大棚如何建造?

黑木耳吊袋大棚类似于塑料大棚，建造工程并不复杂，可按以下建设流程进行。

(1) 场地选择 吊袋大棚场地应选择在向阳、通风良好、水源充足、不积水、不下沉、交通便利、无污染源的开阔、平整地建棚。

(2) 大棚建造 大棚宽度在8～12米，长度根据场地而定，一般不宜超过50米，棚脊高3.5～3.8米，棚边高2.3～2.5米。大棚顶部及四周全部覆盖一层塑料薄膜，塑料薄膜上面再覆盖一

层遮阳网，便于保湿、保温、遮阳。根据大棚宽度，棚内搭建横杆用于捆绑吊绳，横杆中间要有支柱，每两个横杆为一组，横杆高2.2～2.4米，间距0.25～0.3米，每组横杆之间预留作业走道，一般0.6～0.7米，为保证大棚内管理操作及通风良好，作业道不可留的过窄。在作业道上部铺一条喷水管，上部喷水管每隔1.2米安装一个雾化喷头，喷水管道间雾化喷头按“品”字形安装，作业道下部安放微喷水带。吊袋前地面上撒一层生石灰，预防杂菌滋生，最好在地面上铺一层地布、草帘、遮阳网或编织袋，防止喷水时泥沙溅到下层黑木耳子实体上影响产品质量。

83. 大棚吊袋如何选择栽培季节？如何扎绳、划口？

(1) 栽培季节 春季栽培，一般在11月至翌年1月制作菌袋，发菌期30～40天，后熟期15～20天，3月上旬菌袋进棚开口、养菌及催芽管理，3月中下旬开始吊袋出耳管理，4月中旬至6月下旬采摘结束；秋季栽培，一般2～3月制作菌袋，接种后正常发菌管理15天后，进行低温发菌，尽量让菌丝生长的慢一些。9月菌袋进棚开口、养菌及催芽管理，10月下旬至12月上旬采收结束。

(2) 扎绳 选择结实的尼龙绳，将尼龙绳系到横杆上，2根或3根尼龙绳一组，吊绳下端离地20厘米高，并底部打结。绑完一组吊绳后，间隔25～30厘米处再绑另一组吊绳。若吊绳之间绑得过密，则影响通风，不但容易引发病害，而且通风时菌袋容易摇晃发生碰撞使耳芽脱落；吊绳也不能绑得过稀，否则会降低有效利用面积，减少单位面积的产量。

(3) 划口 菌棒从培养室移至吊袋棚内，预先清洗干净，用桶盛0.1%～0.2%的甲基硫菌灵药液或0.2%高锰酸钾，手提塑料袋口，将菌棒浸入药液中旋转数下即可提起（手要戴胶手套）。菌棒外壁消毒药液晾干后，即可划口。使用开口机划口，开口机及操作人员双手使用75%的酒精消毒，一般开“一”“Y”或“O”形小口，每个菌袋划口180～220个。划口后大棚温度控制在20～23℃，空气相对湿度控制在80%以上，经过5～7天，划口处长出白色菌丝即可进行挂袋。

84. 大棚吊袋栽培如何吊袋？

吊袋方式主要有单钩双线和三线脚扣两种方式。

单钩双线是将两根尼龙绳系到横梁上，另一端系死扣距离地面20厘米，吊袋时先将一个菌袋袋口向下放到两股绳之间，并在菌袋上方两根尼龙绳上扣上两头带钩5厘米长的细铁钩，第二袋按同样的步骤放置菌袋和细铁钩，以此类推每串吊袋7～8个菌袋直至吊完为止。

三线脚扣是将3根尼龙绳系到横梁上，另一端系死扣距离地面20厘米，吊袋时先将一个菌袋袋口向下放到三股绳之间，并在菌袋上方放置一个等边三角形塑料脚扣，第二袋按同样的步骤放置菌袋和脚扣，以此每串挂7～8个菌袋直至吊完为止。吊袋时要随时调整吊绳的位置，不能让吊绳挡住出耳口。每个吊袋棚争取在3天内完成吊袋，以便于出耳期统一管理。

85. 大棚吊袋出耳管理要点有哪些？

大棚吊袋出耳管理要点如下。

(1) 子实体原基形成阶段 黑木耳子实体原基是在低温

（18～20℃）刺激和光照刺激下形成，初期要通风降温、增加光照，促使耳基形成，此阶段温度18～20℃，光照充足，空气相对湿度80%，一般不要直接向划口处喷水，如果此时温度和空气相对湿度过大，菌丝就会徒长，形成一层白色菌皮，影响耳芽的发育。

（2）幼耳期 子实体原基形成到长成耳芽需3～6天，此阶段温度控制在20～25℃，空气相对湿度85%～95%，不直接向栽培袋喷水，但要保持料内60%～65%的含水量。耳芽形成后，即可适当喷水，每天1～2次。延长光照，促使小耳形成。若耳芽发白、发黄，表明光照不足、喷水太多。

（3）成耳期 子实体由小耳长成大耳，一般需要10～20天，此阶段温度20～25℃，空气相对湿度85%～95%，加强通风换气，增强光照，同时辅以少量直射光，要经常少量多次喷水，喷雾状水为好，以满足水分需要。要严防高温高湿，以免杂菌污染。

86. 大棚吊袋栽培如何采收？

成熟的黑木耳，耳片展开，边缘内卷，耳根由大变小，耳片富有弹性即可采收。采耳前要停止喷水1～2天。使耳根收缩后再采。采摘成熟的耳片，用手指顺着耳片的边缘，掐入基部摘下，不要强拉耳片，不要留下残耳，以免腐烂而引起杂菌污染。

87. 怎样确定段木栽培黑木耳适宜的生产季节？

黑木耳段木栽培就是将适宜黑木耳生长发育的树木砍伐、截段、架晒、接种、发菌、出耳管理的方法。在冬至至立春树木休眠期砍伐适宜的耳树，树木砍伐后需要20～30天的段木干燥脱水期，促使段木组织死亡。当日平均气温稳定在8～10℃的时作为接种期。如果日平均气温达到15℃以上才接种，极易造成接种失败，接种孔易被污染或遭受虫害。北方地区一般是在3～4月接种，此时温、湿度适宜，容易成活。南方地区一般是在2～3月接种。

88. 段木栽培黑木耳出耳场所如何选择与消毒？

黑木耳出耳场所要满足黑木耳生长发育所需的外界条件。耳场要求四周耳树资源丰富，场内空气流通，靠近水源，温暖、潮湿，背风向阳不易受水害的沙质地面或平坦草地。在耳场选择的时候，选择避风向阳的山坳，这样的耳场，每天日照时间长，温度较高，湿度比较大，空气清新；用河滩作耳场，这种地方地下水位高，湿度大，杂草少，也是比较理想的场地；坡度在30°以下的缓坡阔叶林带，沙石土地面，这种地面不易积水，还能提高耳木的温度也较为适宜。在气候干旱、不具备喷水条件的地方，地表最好选择沙壤土，这种土壤能保持水分，提高环境的空气相对湿度，有利于黑木耳的生长。对尚有不足的耳场应进行修整和建设，水源较远的要引水喷灌，场地凹凸不平的要修平整，日照时间过长的要种植遮阳树木或搭建遮阳网。

耳场选好后，场地四周林木不要砍伐，以保护良好的生态环境。为了使接种后的段木能得到充足的光照，要间伐场内过密的遮阴树木。由于各地的光照时间不同，间伐程度也要因地制宜。南方气候温暖，日照时间长，场内郁闭度掌握在三分阳七分阴，

应少间伐遮阴树木；华北一带耳场应控制在五分阳五分阴，适量间伐遮阴树木；气候凉爽、日照时间短的东北地区提倡七分阳三分阴，应多间伐遮阴树木。除去地面灌木杂草等，在场内修筑蓄水池和排水沟，有条件的地方场内可安装喷灌设施。对地面上的草皮、苔藓等不易腐败的植被物不必铲除，以利保持湿度，防止水土流失和泥水溅污耳木。

段木进场之前，用生石灰撒于地面进行耳场地面消毒，减少杂菌和虫害，每亩用量100～150千克；也可在场内喷洒5%漂白粉溶液或其他药物。有白蚁危害的地方还应撒放灭蚁灵等防治白蚁的粉剂。有条件的地方，耳场要轮休，防止杂菌滋生蔓延。

89. 哪种树木适合栽培黑木耳？砍伐耳树注意事项有哪些？

能够栽培黑木耳的树种有很多，应该因地制宜，根据当地的树木资源情况而定。一般应选择当地丰富、容易生长黑木耳、而又不是重要的经济林木。含有松脂、醇、醚及芳香性物质的松、杉、柏、樟等树种不适于栽培黑木耳。适宜栽培黑木耳的耳树应是边材发达、树皮厚度适中不易剥落、树木和木耳亲和力强的树种，如栓皮栎、麻栎、榆树、刺槐、柳树等。

不同树种栽培黑木耳的产量和质量是有差异的，主要是由于不同树种的木材结构、养分含量的不同而引起的；即使是同一树种，在不同树龄、不同季节砍伐，甚至不同生长场所，其产量和质量也有差别。因此，应尽量选择适宜黑木耳生长发育需要的树木来栽培，以求高产优质，获得最大的经济效益。一般来说，材质坚硬的耳树如栎树、榆树等，由于组织紧密，透气性和吸水性较差，发菌慢、出耳迟，但出耳时间长；材质疏松的耳树，如赤杨、刺槐等透气性好，吸水性强，因而发菌快，出耳早，但树木易腐朽，产耳年限较短。在选择耳树时，还应考虑适当的树龄和粗度。树龄小，皮层薄，保湿和吸水性较差，材质中养分含量少，虽能出耳早，但产耳期短，产量低；树龄过大，则树皮厚，心材粗，有用的边材反而小，导致出耳慢且少，甚至不出耳。因此，一般应选择10～15年生、直径5～20厘米的耳树比较适合。

耳树砍伐时间及注意事项，树木的砍伐期决定木段营养物质的含量，进而影响黑木耳栽培产量。从老叶枯黄至新芽萌发前都可以砍伐树木，但冬至到立春是树木的休眠期，为最佳砍伐时间。这时树木中贮藏的营养成分多，树汁处于凝滞状态，形成层停止活动，含水量少，韧皮部和木质部结合紧密栽培时树皮不易分离脱落，也有利于树木砍伐后翌年的萌蘖抽枝，而且这一时期气温低、病虫害少。砍伐耳树时要留小砍大、留直砍弯、留稀砍密，做到砍伐、养护、造林相结合，一般选择轮伐或间伐，以利于黑木耳生产的连续性和林木资源的充分利用。

树木砍伐后把没有栽培黑木耳价值的过细枝桠剃掉，就地进行收浆干燥，干燥时间的长短，应根据树种、树龄大小、气候条件、农事活动等各种因素来综合考虑。剃枝的时间因地区而异，南方一些地区天气比较温暖、潮湿，树木内含水量多，树木砍伐后要保留枝叶10～15天可加速水分蒸发，再进行剃枝；北方地区气候寒冷、干燥，树木内含水量少，多在砍伐后立即剃枝。剃枝时，可用快刀沿树干自下而上削去树杈。保留3厘米左右的枝座，削口要平滑，不能损伤皮层，以减少杂菌进入耳木。树木要截成长短一致的树段，便于接种和接种后的管理。截段的长短各地习惯不同，以便于管理为准，一般将耳木截成1～2米长的木段。由于南方地区气候比较温暖、潮湿，树木截断后，两头的截面和伤口，要用石灰水涂刷，预防杂菌污染。

90. 砍伐的耳树如何架晒？如何确定耳树的含水量？

架晒的目的是让段木的组织在接种前死亡，并且具有适宜的含水量，适合黑木耳菌丝的定殖生长。架晒时按木段粗细分别以“井”字形或三角形堆放在向阳、通风、干燥的地方。堆高约1米，上面或四周用枝叶、草帘或塑料薄膜遮盖，防止阳光暴晒、风吹雨淋而导致树皮分离脱落和淋雨回潮。每隔10天或半个月翻堆一次，将段木内外、上下相调换，使其干燥均匀，含水量一致。

架晒时间的长短应根据木段含水量和气候条件而定，一般需要1个月左右，木段含水量在40%左右时接种，最适于菌丝定殖生长。含水量的大小可根据木段横断面晾晒产生的裂纹来判断，一般两端截面放射性裂纹达到耳木直径的2/3时，就达到了适合接种的含水量。段木含水量过低，接种时打穴困难，接种后黑木耳不易成活，应在接种前将段木先放在水中浸泡一段时间，段木吸收水分后，再晾晒2～3天，使树皮干燥而内部含有适量水分，达到“外干内湿”，以利于接种后菌丝的定殖和生长；如果段木含水量过多，则要继续架晒，因含水量太高会影响段木的透气性，阻碍菌丝向内生长，而且容易滋生杂菌。

91. 段木栽培黑木耳接种要点有哪些？

段木栽培黑木耳接种，就是把黑木耳菌种“种”到段木上。若接种操作技术掌握得好，则接种成活率高，菌丝定殖生长迅速可尽早占领段木，防止杂菌滋生；若接种操作技术掌握不好，则菌种定殖慢或死亡，杂菌便会在耳木中蔓延，从而减产、甚至绝收。接种要点如下。

（1）适用菌种 可用于段木栽培的有木屑菌种、枝条菌种、木签菌种、棒形菌种、圆形木块菌种、楔形木块菌种等。

（2）菌种检查 接种前必须检查黑木耳菌种是否被杂菌污染，优质的黑木耳菌种是菌丝体健壮，呈白色，绒毛短，不老化，生长旺盛、均匀、整齐，上下均匀一致布满培养料，绝对无杂菌。一般来说，菌种长满瓶后继续培养7～10天的黑木耳菌种最优。

（3）接种工具 主要用于在段木上打孔的器具，常用的有电钻、台钻、手摇钻、皮带冲、打孔锤等。

（4）接种时间 当春季气温稳定在8～10℃的时期即可进行人工接种。若气温过低时接种，接种操作不便，接种后菌丝生长缓慢；若接种过晚，气温较高，接种后易引起杂菌污染，出耳时间也相应推迟，不利于增产。接种时最好选择雨后初晴无风的天气，空气相对湿度大；晴天接种不应在阳光直射下进行，而应在遮阴处操作，这样可以避免菌种内水分蒸发；阴雨天不易接种，以免接种时菌种淋上雨水而滋生杂菌。

（5）接种密度 应根据耳木的粗细、材质的松紧来确定接种的密度。一般每穴深1.5～1.8厘米，树皮厚要适当加深，除树皮外，必须深入木质部1厘米；孔径1～1.2厘米；穴距10～12厘米；行距3～5厘米较为适宜。因为菌丝在段木中纵向生长快于横向生长，所以穴距应大于行距，以使菌丝均匀地长满段木。一般耳木粗、材质坚实应适当密植，反之则可适当稀植。很细的枝条，只打一行穴即可，稍粗者两面打穴，再粗者可打数行。每行穴应在同一直线上，邻行的穴应交错呈“品”字（梅花）形分布。具体地说：长1米、末端直径为6厘米的段木，可接种3行，每行12～13穴，总穴数不少于35个；末端直径10厘米的

段木，可接种5行，总穴数达到60～65个。

92. 段木栽培黑木耳接种方法有哪些？如何操作？

（1）接种木屑菌种　先用皮带冲在不能栽培黑木耳的树干上打出足够多的树皮盖备用，树皮盖比接种孔径要大2～3毫米。接种时先将镊子用酒精消毒，挖去菌种表面的老化菌皮，再将菌种挖到经过消过毒的盆中，菌种应尽量保持块状，不要过于细碎，这样有利于接种后菌丝定殖和生长，减少杂菌污染。接种人员佩戴口罩和消过毒的胶皮手套将黑木耳菌种块塞入接种穴内，装至穴平后轻轻压紧，使菌种与穴内壁充分接触，盖上树皮盖用小锤敲紧。如果不用树皮盖，也可涂一层封蜡（石蜡70%、松香20%、猪油10%，熔化混合，稍冷时用毛笔涂封）；或用泥盖混合锯木屑封穴，黏性黄土：锯木屑按体积1：2计算；玉米芯也可做封盖，先将玉米芯用锤子敲成4瓣，手拿其中一瓣用锤子逐个敲入接种穴即可。

（2）接种枝条菌种　在段木表面打孔，孔径比枝条菌种的直径略小一些，将枝条菌种接入孔穴中，用小锤敲紧。接种的枝条菌种要与段木树皮的表面相平，否则凸出树皮表面在搬动中容易碰掉枝条菌种，凹陷树皮表面容易积水而感染杂菌和害虫，接种完的耳木两头截面用石灰水涂抹，以防杂菌侵入。

接种人员佩戴口罩，接种用具和盛放菌种的器皿，均需用0.1%高锰酸钾溶液浸泡消毒。在整个接种过程中都要注意清洁，快速进行，以免杂菌侵染。接种工作采用流水作业，边打孔边接种，以防止接种用具内壁干燥，影响成活率。菌种要当天从瓶内挖出，当天接种完，切勿过夜，防止因杂菌污染和菌种干燥影响接种效果。

93. 段木栽培黑木耳上堆发菌如何管理？

(1) 上堆发菌 为了使黑木耳菌丝体迅速在段木内定殖，必须及时把接种后的耳木堆积起来。堆积时，先在地面垫上石块或枕木以架空耳木，然后将接种的耳木按照所接的不同品种，段木的粗细、长短分开，使用“井”或“山”字形两种形式堆积，其中“井”字形堆垛法更为普遍。堆高1米左右，耳木之间留有一定间隙，在2～5厘米，使其保持通气良好。如果接种时气温低，耳木可以排放紧密一些，以利于保温。随着气温的增高，耳木间的间隔可适当放宽，以利于通气。堆长根据接种的段木多少而定，段木上堆后，四周和堆上面用枝叶或塑料薄膜覆盖。这种方法适用于场地较湿，耳木湿度较大，或者是温度较高的时候。“山”字形堆垛法，就是把耳木一律顺放堆叠，中间高两面低，呈“山”字形。这种方法保温、保湿条件比较好，在温度较低、耳木湿度不大的情况下最为适宜。

(2) 发菌期管理 接种后，为了使黑木耳菌丝尽快恢复生长，要把耳木堆积在适宜条件下，使菌丝尽快萌发、定殖和生长。根据黑木耳的生物学特性，菌丝体的生长与温度、湿度有着密切的关系，因此这期间主要是控制堆内的温、湿度。温度最好控制在22～28℃，空气相对湿度保持在80%左右。早春接种时自然温度较低，需用薄膜覆盖，在晴朗阳光充足的天气，中午堆内的温度可达30℃左右，短时间的温度偏高，对菌丝生长无不利影响，因段木内温度较低。单层薄膜覆盖保温能力较差，在自然温度下降后，堆内温度也随之下降，可在太阳落山之前在堆上加盖草帘，到第二天10时左右再去掉草帘，这样可提高堆温3～5℃。用薄膜覆盖堆内湿度适宜，1～2周内不用喷水，随着堆积时间的延长和气温的逐步升高，耳木变

干，含水量下降到35%以下时，可在翻堆的同时喷少量清水。喷水以后晾晒一下，待耳木表皮风干后再盖上覆盖物，以免堆内湿度过大，滋生杂菌。

耳木上堆后，温度、湿度条件得到了改善，但空气条件受到了影响。黑木耳是好气性真菌，所以在上堆发菌时期，根据不同的覆盖物采取不同的通风措施，以满足菌丝对氧气的需求。如用草帘覆盖，透气性能好，则不进行通风换气或少进行通风换气；用塑料薄膜覆盖，其透气性能不好，要经常通风换气，刚上堆几天的菌丝活力弱，气温低时不必通风，1周以后每天中午气温较高的时候，把塑料薄膜的底边卷起或将薄膜揭开1～2小时，以后随着气温的升高，适当增加通风换气的次数和时间。在黑木耳菌丝发菌阶段，要注意温度、湿度、通风换气等因素的调节，以提高黑木耳菌丝的成活率。

(3) 翻堆　上堆发菌的耳木，堆内上下、内外的温、湿度条件都不相同。为了使黑木耳的菌丝生长一致，耳木上堆10天以后，每隔1周翻堆1次。具体做法：先在原堆附近地面垫上枕木，再把原堆的耳木上下、内外调换一下位置，摆放到新的枕木上去，堆好后重新盖好覆盖物。整个上堆期间应翻堆3～4次，第一次翻堆时不需要补充水分，随着气温升高，耳木内水分蒸发较多，菌丝越长越旺盛，呼吸作用增强，必须增加揭膜通气的次数，在通气的同时，根据耳木的干湿程度，轻喷水调节耳木的湿度。喷水时，必须用干净水均匀喷洒，每次的水量不可太多，少量多次喷水，使堆的上下、内外的耳木都能吸收到水分。翻堆时，耳木要轻拿轻放，不要损伤树皮和碰掉树皮盖，有掉盖的要随时补上。一般发菌时间需要1～2月。

(4) 检查　为了掌握黑木耳菌丝体在耳木中的定殖生长情况，接种后20天左右，即第二、三次翻堆时，初步检查发菌情况。用木屑菌种接种的可去掉树皮盖，接种穴内的菌种表面生有白色膜，挖出菌种，看穴周围木质部颜色是否变淡，木质是否变松。如果木质颜色变淡、木质变松，说明菌丝已定殖生长。用枝条菌种接种的耳木，挑出枝条菌种观察，穴壁和穴底木质上有白色菌丝的，表明黑木耳菌丝已经定殖。如果穴内菌种变化不大，菌丝向耳木上延伸缓慢，说明温度和湿度不适宜，应采取增温和喷水保湿措施。如果穴内菌种干掉或发黑，则是由于过干或过湿造成的，这样的耳木应及时重新补接菌种。翻堆时发现耳木生长杂菌，要及时用刀刮除病部，伤口处用1%～3%生石灰水、3%～5%漂白粉液或0.1%多菌灵涂抹消毒杀菌。

94. 段木栽培黑木耳如何排场出耳管理?

(1) 排场的方法 黑木耳菌丝经过上堆发菌后已在段木上定殖生长，开始向纵深伸展，极个别的接种穴处可看到有小的木耳原基出现。为了满足黑木耳对水分、阳光和空气的需要，促使其从菌丝生长阶段逐步进入出耳阶段，此时应进行排场管理，给黑木耳的出耳生长创造一个良好的环境。排场方法为平铺法，即用枕木将耳木的一端架起，整齐地排列在栽培场地上。根据耳场干湿条件和坡度大小，采用不同的排杆方法。如果耳场是平地，以东西方向排成行；如果耳场是斜坡，耳木的小头向上呈横行排列。枕木可以用松木或其他杂木，直径为7～10厘米。耳木之间间隔5厘米，排行之间相距50厘米作为作业道。耳木排在枕木上，既能接受地表潮气，又可避免吸水过多，还能均匀地得到光照不会使耳木腐烂，有利于黑木耳菌丝体的生长发育，也利于耳芽生长。

(2) 排场期间的管理 排场期间管理的目的是使黑木耳菌丝体在耳木中迅速蔓延，健壮生长，从而早出耳芽，力争当年获得50%的产量，这样既能减少杂菌污染又能获得高产。耳木在排场期间，需要适宜的温度、良好的通风和“干湿交替”的湿度条件，而以加强水分管理为关键。

水分管理应根据耳木干湿程度适当喷水。在此期间，温度日益增高，光照增强，春风较大，水分蒸发加速，耳木容易失水。同时，菌丝生活力旺盛，也会消耗大量水分。因此，必须适当喷水，耳场内的空气相对湿度要求为75%左右。排场初期，每5～7天喷一次水，随着耳木需水量增加，2～3天喷一次水。晴天多喷，阴天或雨天少喷或不喷。排场后期，为了促使黑木耳菌丝体向段木中部蔓延生长，提高耳木的成熟度，每5天左右喷一次水，要使耳木表面保持干燥。

（3）翻杆 排场的时间需要1个月左右，排场阶段每7天左右翻杆一次，将耳木上、下面和两端调向，把原来架在枕木的一端调换放在地上，把耳木贴在地面的一端翻向上面，使耳木两面吸水、光照均匀，这样管理耳木可以全身出耳，提高产量。如果不翻杆耳木向上的一面能够直接接受太阳的辐射热，温度高，耳木内水分蒸发快，耳木容易变干会影响菌丝生长；而耳木向下的一面易接受地面潮气，光照少温度低，菌丝生长慢，因此要及时翻杆。避免出现耳木下面烂、上面干、两头出耳现象。在此期间，应加强耳场的除草和杂菌及害虫的防治工作。

（4）检查 在排场前期，段木上有一部分耳芽发生，不要立即起架进行出耳管理，或为了促使少数耳芽生长而过多喷水。过早起架和过早喷重水将严重影响菌丝向耳木的深层生长。因上堆发菌后期和散堆排场前期，菌丝尚未生长到木质部深处，早期的耳芽多数发生在接种部位，生活力较弱，过早地大量喷水，不仅会使幼耳烂掉，而且还会影响菌丝体的继续生长，使黑木耳减产。只有经过1个月的排场，当菌丝生长到耳木的木质部里面时，菌丝才可以吸收到更多的养分和水分，这就为大量出耳打下物质基础。检查的方法：锯一段10厘米粗细的耳木，从横切面看菌丝是否长入木质部2/3，用刀劈开纵切面观察两穴之间的菌丝是否已经生长连接到一起。一般来说，菌丝沿段木纵向生长快，横向生长慢。菌丝生长到的部位，木质部颜色变浅且疏松，如果不是这样应继续排场管理。

95. 段木栽培黑木耳如何进行起架出耳管理？

接种后，材质疏松的段木需要2～3个月发菌，材质坚实的段木要3～4个月菌丝才能长满段木，进入出耳采收阶段。这个阶段黑木耳的生长发育需要“三晴两雨”“干干湿湿”和“干湿交替”的环境条件。采用上架出耳管理，管理操作方便还能有效避免部分害虫和杂草、杂菌的危害。

起架时，通常采用的架木方式有两种，一种为“人”字形架木，一种为覆瓦式架木。“人”字形架木的优点是，采摘黑木耳比较方便，但是占地较多，摆放同样数量的耳木，“人”字形占地面积是覆瓦式摆放的2倍左右，而且耳木水分散失较多，不利于保湿。各个耳场可以因地制宜地选用一种架木方式出耳管理。“人”字形架木即先支起一根横木，离地40～80厘米（根据耳木长度），然后将耳木按“人”字形依次交叉斜放在横木两旁，立木角度以45°为宜，晴天和产耳前期可摆放平些，雨水多和产耳后期要摆放陡些。相邻耳木间应留5厘米空档，架与架之间设置工作通道，耳木按南北方向起架有利于两边耳木受光均匀。耳木要经常翻转接受阳光照射这样有利于出耳。干旱地区耳木排场后，不经起架亦可直接出耳管理。

起架后要创造适宜黑木耳生长发育的环境条件，通过温、光、气、湿等因素的调节，促使耳芽分化生长。这时温度、光照、湿度和通风要协调，但是其中心仍是水分管理最为关键，主要应保持“干干湿湿”的外界条件，这是木耳能否高产优质的关键。在一般情况下，温度和光照是紧密相关的。夏季阳光强烈，气温较高，晚秋和春季阳光较弱，气温较低，为了提供黑木耳菌丝生长和子实体分化与生长发育的适宜温度，必须调节温度和光照的关系。有些地方在阳光强烈的夏季，在耳场上搭盖简易凉棚，覆盖遮阳网，同时适当增加喷水次数和喷水量，实行综合管理，使耳场的小气候适应黑木耳生长的需要。在春秋季节阳光较弱、温度较低时，可将耳木排放在阳光充足的地方，增加光照时间，以提高耳木的温度，促进黑木耳正常生长发育。有的地方采取喷水后，待耳木表面水分晾干，搭盖塑料薄膜增温、增湿管理。

水分管理原则是“干干湿湿、干湿交替”，黑木耳生长发育需要较多的水，干旱时要人工喷水来解决水分管理的问题以获得高产，栽培场的空气相对湿度掌握在80%～90%。在实际操作中，要根据黑木耳生长规律，结合当地的气候情况与耳木持水状况等灵活掌握。喷水的原则，一般为晴天多喷，阴天少喷，雨天不喷。气温高时，水分蒸发快，故应多喷（但要避开中午前后，以免高温高湿造成烂耳和杂菌污染）；气温低时则可少喷，若木质坚实或新耳木因吸水性差而保水性好，故可多喷，但喷水间隔可长些；木质疏松或老耳木（已出耳一、二年的）吸水、失水都较快，故应勤喷。水质要求清洁，最好喷雾化水以利于耳木吸收及增加空气湿度还能节约用水。在少雨的夏季，刚开始催耳时是在晚10时至翌日凌晨2时喷水，以后每天早晚喷水，即5～8时、晚6～8时、晚10时至翌日凌晨2时各喷一次，连续喷3天后停止喷水2～3天再继续喷水，不断地喷喷停停直到耳片成熟。这样做的目的是：喷水时湿度增大，耳片展开生长，停止喷水时耳片干缩，但菌丝积累营养，为下次喷水耳片生长打下基础，这样管理满足干干湿湿的生长条件。以免长期高温高湿造成流耳、烂耳、杂菌污染。春季气温较低时，出耳阶段水分管理一般上午10时至下午3时喷水，目前多采用喷水带进行喷雾化水，省水、省工、省力，对耳芽无损伤，无泥沙溅到耳片上面，也有利于耳木对水分的吸收。

经过起架管理，木耳渐渐长大成熟，应及时采收。每次采收后应停止喷水，让阳光照晒耳木 5～7 天，使其表面干燥。这样菌丝体可吸收耳木中养分恢复生长，以供给下一茬耳片的生长，然后再进行上述喷水管理，不久便又产生大量耳芽。采取这种管理方法，在 5～9 月，一般每隔半个月左右可以采收一茬黑木耳。

96. 黑木耳长到多大就可以采收？如何采收晾晒？

（1）黑木耳成熟的特征　耳片充分展开、边缘开始收缩、颜色由深变浅、肉质肥厚，腹面刚刚产生白色孢子、耳根收缩变细、碰触耳木时可看到耳片颤动。具备这些特征，无论耳片大小，都说明已成熟，要及时采收。最好是耳片长至八九成熟、腹面还未释放白色的孢子时采收，此时耳片肉质肥厚、色泽好、产量也高。

（2）黑木耳的采收标准　段木栽培黑木耳生长周期长，由于气候的变化，不同季节生长的黑木耳，产量和质量都不相同。因此采收的要求有所不同。入伏以前生长的黑木耳称为春耳，春耳色深、朵大、肉厚、吸水量大，质量最佳；入伏至立秋期间生长的黑木耳称为伏耳，色浅、肉薄、易感染病虫害，质量差；立秋以后生长的黑木耳称为秋耳，朵型稍小、肉质中等、吸水量少，质量仅次于春耳。采收春耳和秋耳时要求采大留小，因为这时气温较低，有利于黑木耳正常生长，留下的耳芽和小耳片可继续生长，长大后再采收，但伏耳采收时要求大小一起采收，因为伏天气温高，害虫多杂菌繁殖快，如果不及时采收，会遭受害虫的危害，或因杂菌污染而引起流耳、烂耳。

（3）黑木耳的采收时间　采收前 1 天停止喷水，耳片边缘干

缩，趁晴天的早晨露水未干、耳片潮软时采摘。或雨后天晴，黑木耳的耳片干缩、耳根尚湿润时采收。如果耳片过干，应先喷水，让耳片湿润后再采收，否则容易将耳片弄碎，这样采收的黑木耳含水量少，容易晒干。如果遇到连续阴雨，成熟的黑木耳也应在雨天采收，以免造成烂耳、流耳。在雨天采收不完，可用塑料薄膜将耳木盖住（塑料薄膜要离开耳木），防止继续淋雨，造成流耳。

（4）黑木耳的采收方法 用手指将整朵耳片连同基部一起捏住，轻轻转动，即可将耳片完整地采摘下来。采收时要注意将耳根采摘干净，以免残根溃烂，引起杂菌和害虫的危害。采收过程中注意保护耳芽，以利于其继续生长。每次采收后需将耳木翻面，使耳木均匀吸收潮气和光照，增加出耳量。并将耳木上下倒转，使原来的下端多接受光照，减少腐烂，原来的上端多吸收地面潮气，促使出耳。

97. 黑木耳段木栽培耳木如何进行越冬管理？

黑木耳段木栽培，当年接种当年即可收获，一般可连续采收三年。第一年初收、第二年盛收、第三年罢收。每年秋耳采收后，气温下降黑木耳也逐渐停止生长，进入冬季休眠阶段。此时便进入越冬管理期，为翌年出耳做好准备。越冬时通常把耳木从“人”字形架上收集起来，堆积在背风向阳干燥的场地上，这样可使耳木越冬时保持适当的温度、光照和通风条件，还可保持耳木的树皮不脱落，待翌年春季再起架管理出耳。操作时，注意轻拿轻放，防止损伤耳木和树皮。对于严重感染杂菌的耳木应剔除烧毁，滋生少量杂菌的耳木，可用利刀将杂菌刮除干净，涂抹1%的石灰水，有条件的耳场，越冬管理耳木周围撒石灰粉消毒杀菌和防治害虫。黑木耳菌丝耐寒力强，山区如在－40～－30℃也不会冻死。在北方气候寒冷，冬天积雪不化，可将耳木排场越冬，其做法是先在场地放一枕木，让耳木一头着地，另一头搭放在枕木上，或者两头都垫枕木平放，借助降雪覆盖耳木，温、湿度条件比较稳定，有利于菌丝体的安全越冬。在南方冬季气温不太低，湿度较大，耳木也可在原架自然过冬，耳木应覆盖茅草或草帘保护，待翌年春季气温回升再进行出耳管理。耳木一次接种可连续产耳 3～4 年，一般干耳总产量为每立方米 15 千克左右。

98. 黑木耳采收怎样进行干制？

（1）晾晒 采收的黑木耳应及时晾晒，可采用晾晒棚和晾晒架，晾晒棚分上下两层，顶部覆盖塑料薄膜。晾晒架一般为单层架，也可在晾晒架上用竹片搭建拱棚，上面覆盖一层塑料薄膜，防止晾晒过程中耳片被雨水淋湿。

晾晒时将七八成熟的耳片采摘后进行自然晾晒，如果耳片沾有泥沙、木屑、树皮、草叶等杂物时，需要用清水清洗干净后再晾晒。通过搭架拉网的方式，架高 0.8 米，将木耳平铺晾晒，晾晒过程中不易多翻以免耳片卷缩成拳耳及破碎影响品质。

（2）烘干 连续阴雨天气采收的黑木耳，最好用烘房或烘箱烘干。烘干时要严格控制温度，一般温度控制在 55℃为宜，最高不能超过 65℃。烘干温度开始时 35～40℃保持 3～4 小时，此时要注意烘房的排湿，排湿不良容易引起耳片卷曲和不规则收缩；然后温度升高至 45～55℃再烘至干燥，烘干时温度最高不能超过 65℃，根据温度和湿度调节通风口和排气窗。新鲜的黑木耳含水量大，一般干鲜比为 1∶（10～16）。干木耳的标准含水量不宜超过 14%。

99. 黑木耳干品分级标准是什么？分为几级？

黑木耳干品质量指标一般分为一级、二级和三级三个等级，每个等级的具体标准要求如下：

一级：耳片正面黑褐色，有光泽，耳片背面暗灰色，耳片完整，不能通过直径3厘米的筛眼，不允许有拳耳、薄耳、流失耳、虫蛀耳和霉烂耳，耳片厚度要1毫米以上，杂质含量要低于0.3%，干湿比在1∶1.3以上，含水量不超过14%。

二级：耳片正面黑褐色，耳片背面暗灰色，耳片基本完整，不能通过直径2厘米的筛眼，不允许有拳耳、薄耳、流失耳、虫蛀耳和霉烂耳，耳片厚度要0.7毫米以上，杂质含量要低于0.5%，干湿比要达到1∶1.2，含水量不超过14%。

三级：耳片多为黑褐色至浅棕色，耳片小或成碎片，不能通过直径1厘米的筛眼，不允许有流失耳、虫蛀耳和霉烂耳，拳耳、薄耳不超过1%，杂质含量要低于1%，干湿比在1∶1.2以上，含水量不超过14%。

以上三级的化学指标均为：粗蛋白质不低于7.0%，总糖（以转化糖计）不低于22.0%，粗脂肪不低于0.4%，灰分不高于6.0%，纤维素3%～6%。

100. 黑木耳干品包装和贮藏时要注意哪些问题？

黑木耳产品包装材料应坚固、洁净、干燥、防湿、无破损、无异味、无毒，无害。

运输时要轻装、轻卸，避免机械损伤，运输过程中要防日晒、防雨淋，不可裸露运输，运输工具要清洁、卫生、无污染物、无杂物，不得与有毒、有害、有异味的物品和鲜活动物混装混运，不得用有毒（害）或受污染的运输工具运载。

贮藏时要将黑木耳干品置于通风良好、阴凉干燥、清洁卫生、有防潮设备及防霉变、防虫蛀和防鼠设施的库房内贮存，不得与有毒、有害、有异味和易于传播霉菌、虫害的物品混合存放。

主要参考文献

常明昌，2002. 黑木耳栽培［M］. 北京：中国农业出版社.
陈士瑜，1988. 黑木耳生产大全［M］. 北京：农业出版社.
陈艳秋，2005. 优质黑木耳生产技术百问百答［M］. 北京：中国农业出版社.
黄年来，林志彬，陈国良，等，2010. 中国食药用菌学［M］. 上海：上海科技技术文献出版社.
黄毅，2008. 黑木耳栽培［M］. 北京：高等教育出版社.
李玉，2001. 中国黑木耳［M］. 长春：长春出版社.
刘朝贵，2001. 黑木耳栽培新技术［M］. 重庆：四川科学技术出版社.
刘永宏，刘永昶，2000. 地栽黑木耳图册［M］. 北京：台海出版社.
吕作舟，2006. 黑木耳栽培学［M］. 北京：高等教育出版社.
聂林富，2007. 黑木耳代料栽培致富［M］. 北京：金盾出版社.
潘崇环，1999. 黑木耳生产技术图解［M］. 北京：中国农业出版社.
裘维蕃，1952. 中国黑木耳及其栽培［M］. 北京：中华书局.
吴康云，2005. 黑木耳段木栽培新技术［M］. 呼和浩特：远方出版社.
杨国良，段立肖，贾乾义，等，1999. 26 种北方黑木耳栽培［M］. 北京：中国农业出版社.
杨新美，1996. 黑木耳栽培学［M］. 北京：中国农业出版社.
袁书钦，2001. 黑木耳栽培技术图说［M］. 郑州：河南科学技术出版社.
张复生，1984. 黑木耳栽培［M］. 沈阳. 辽宁科学技术出版社.
张金霞，1994. 黑木耳菌种生产［M］. 北京：气象出版社.
张金霞，谢宝贵，上官舟建，等，2008. 黑木耳菌种生产规范技术［M］. 北京：中国农业出版社.
张树庭，林芳灿，1997. 蕈菌遗传与育种［M］. 北京：中国农业出版社.

附　　录

附录1　黑木耳菌种

（GB 19169—2003）

1　范围

本标准规定了黑木耳（*Auricularia auricula*）菌种的术语和定义、质量要求、试验方法、检验规则及标签、标志、包装、贮运等。

本标准适用于黑木耳菌种的生产、流通和使用。

2　规范性引用文件

下列文件中的条款通过本标准的引用而成为本标准的条款。凡是注日期的引用文件，其随后所有的修改单（不包括勘误的内容）或修订版均不适用于本标准，然而，鼓励根据本标准达成协议的各方研究是否可使用这些文件的最新版本。凡是不注日期的引用文件，其最新版本适用于本标准。

GB/T 191　包装储运图示标志（GB/T 191—2000，eqv ISO 780：1997）

GB/T 4789.28　食品卫生微生物学检验　染色法、培养基和试剂

GB/T 12728—1991　食用菌术语

GB 19172—2003　平菇菌种

NY/T 528—2002　食用菌菌种生产技术规程

3 术语和定义

下列术语和定义适用于本标准。

3.1 母种 stock culture

经各种方法选育得到的具有结实性的菌丝体纯培养物及其继代培养物，以玻璃试管为培养容器和使用单位，也称为一级种、试管种。

[NY/T 528—2002，定义 3.3]

3.2 原种 pre-culture spawn

由母种移植、扩大培养而成的菌丝体纯培养物。常以玻璃菌种瓶或塑料菌种瓶或15厘米×28厘米聚丙烯塑料袋为容器。

[NY/T 528—2002，定义 3.4]

3.3 栽培种 spawn

由原种移植、扩大培养而成的菌丝体纯培养物。常以玻璃瓶或塑料袋为容器。栽培种只能用于栽培，不可再次扩大繁殖菌种。

[NY/T 528—2002，定义 3.5]

3.4 颉颃现象 antagonism

具有不同遗传基因的菌落间产生不生长区带或形成不同形式线行边缘的现象。

[GB 19172—2003，定义 3.4]

3.5 角变 sector

因菌丝体局部变异或感染病毒而导致菌丝变细、生长缓慢、菌丝体表面特征成角状异常的现象。

[GB 19172—2003，定义 3.5]

3.6 高温抑制线 high temperatured line

黑木耳菌种在生产过程中受高温的不良影响，培养物出现的圈状发黄、发暗或菌丝变稀弱的现象。

[GB 19172—2003，定义 3.6]

3.7　耳芽（原基）　primordium

黑木耳子实体的幼小阶段，形成于培养基的表面，呈淡黄色或褐色半透明的胶质体。

3.8　生物学效率　biological efficiency

单位数量培养料的干物质与所培养产生出的子实体或菌丝体干重之间的比率。

[GB/T 12728—1991，定义 2.1.20]

3.9　种性　characters of variety

黑木耳的品种特性是鉴别黑木耳菌种或品种优劣的重要标准之一。一般包括对温度、湿度、酸碱度、光线和氧气的要求，抗逆性、丰产性、出菇迟早、出菇潮数、栽培周期、商品质量及栽培习性等农艺性状。

[NY/T 528—2002，定义 3.8]

4　质量要求

4.1　母种

4.1.1　容器规格应符合 NY/T 528—2002 中 4.7.1.1 规定。

4.1.2　感官要求应符合表 1 规定。

表 1　母种感官要求

项　目	要　求
容器	完整、无破损、无裂纹
棉塞或无棉塑料盖	干燥、洁净，松紧适度，能满足透气和滤菌要求
培养基灌入量	为试管总容积的 1/4～1/5
斜面长度	顶端距棉塞 40～50 毫米
菌丝生长量	长满斜面

（续）

项　　目	要　　求
接种量（接种块大小）	（3～5）毫米×（3～5）毫米
菌种正面外观	洁白、纤细、平贴培养基生长、均匀、平整、无角变，菌落边缘整齐，无杂菌菌落
斜面背面外观	培养基不干缩，有菌丝体分泌的黄褐色色素于培养基中
气味	有黑木耳菌种特有的清香味，无酸、臭、霉等异味

4.1.3 微生物学要求应符合表2规定。

表2　母种微生物学要求

项　　目	要　　求
菌丝状态	粗细不匀，常出现根状分枝，有锁状联合
杂菌	无

4.1.4 菌丝生长速度—在PDA培养基（见附录A）上，在适温（26℃±2℃）下，菌丝10～15天长满斜面。

4.1.5 母种栽培性状—供种单位所供母种需经栽培试验确证种性中农艺性状合格后，方可用于扩大繁殖或出售。

4.2　原种

4.2.1 容器规格应符合NY/T 528—2002中4.7.1.2规定。

4.2.2 感官要求应符合表3规定。

表3　原种感官要求

项　　目	要　　求
容器	完整、无破损、无裂纹

（续）

项　　目	要　　求
棉塞或无棉塑料盖	干燥、洁净，松紧适度，能满足透气和滤菌要求
培养基上表面距瓶（袋）口的距离	50毫米±5毫米
接种量（每支母种接原种数，接种物大小）	（4～6）瓶（袋）≥12毫米×15毫米
菌丝生长量	长满容器
菌丝体特征	白色至米黄色，细羊毛状，生长旺健，菌落边缘整齐
培养基及菌丝体	培养基变色均匀，菌种紧贴瓶壁，无干缩
菌丝分泌物	允许有少量无色至棕黄色水珠
杂菌菌落	无
颉颃现象及角变	无
耳芽（子实体原基）	允许有少量胶质、琥珀色颗粒状耳芽
气味	有黑木耳菌种特有的清香味，无酸、臭、霉等异味

4.2.3 微生物学要求应符合表2规定。

4.2.4 菌丝生长速度 在适宜培养基上，在适温（26℃±2℃）下，40～45天长满容器。

4.3 栽培种

4.3.1 容器规格应符合NY/T 528—2002中4.7.1.3规定。

4.3.2 感官要求应符合表4规定。

表4 栽培种感官要求

项　　目	要　　求
容器	完整、无破损、无裂纹

（续）

项　　目	要　　求
棉塞或无棉塑料盖	干燥、洁净，松紧适度，能满足透气和滤菌要求
培养基上表面距瓶（袋）口的距离	50毫米±5毫米
接种量（每支母种接原种数，接种物大小）	40～50瓶（袋）
菌丝生长量	长满容器
菌丝体特征	白色至米黄色，细羊毛状，生长旺健，菌落边缘整齐
培养基及菌丝体	培养基变色均匀，菌种紧贴瓶壁或略有干缩
菌丝分泌物	允许有少量无色至棕黄色水珠
杂菌菌落	无
颉颃现象及角变	无
耳芽（子实体原基）	允许有少量浅褐色至黑褐色菊花状或不规则胶质耳芽
气味	有黑木耳菌种特有的清香味，无酸、臭、霉等异味

4.3.3 微生物学指标应符合表2规定。

4.3.4 菌丝生长速度 在适宜培养基上，在适温（26℃±2℃）下，一般35～40天长满容器

5 抽样

5.1 质检部门的抽样应具有代表性。

5.2 母种按品种、培养条件、接种时间分批编号，原种、栽培种按菌种来源、制种方法和接种时间分批编号。按批随机抽取被检样品。

5.3 母种、原种、栽培种的抽样量分别为该批菌种量的10%、5%、1%。但每批抽样数量不得少于10支（瓶、袋）；超过100支（瓶、袋）的，可进行两级抽样。

6 试验方法

6.1 感官检验

按表5逐项进行。

表5 感官检测方法

检验项目	检验方法
容器	肉眼观察
棉塞、无棉塑料盖	肉眼观察
母种培养基灌入量	肉眼观察
母种斜面长度	肉眼观察
菌种生长量	肉眼观察
母种菌种外观	肉眼观察
母种斜面背面外观	肉眼观察
气味	鼻嗅

检验项目		检验方法
接种量	母种、原种	肉眼观察、测量
	栽培种	检查生产记录
培养基上表面距瓶（袋）口的距离		肉眼观察
菌丝体特征		肉眼观察
培养基及菌丝体		肉眼观察
分泌物		肉眼观察
杂菌菌落		肉眼观察，必要时用5倍放大镜观察
耳芽(子实体原基)		肉眼观察
颉颃现象及角变		肉眼观察

6.2 微生物学检验

表2中各项用放大倍数不低于10×40的光学显微镜对培养物的水封片进行观察，每一检样应观察不少于50个视野。

6.2.1 毒菌检验

取少量疑有霉菌污染的培养物，按无菌操作接种于PDA培养基（见第A.1章）斜面或平板上，26℃±2℃培养5～7天，菌落出现白色以外的杂色者，或有异味者为霉菌污染物，必要时进行水封片镜检。

6.2.2 细菌检验

取少量疑有细菌污染的培养物，按无菌操作接入 GB/T 4789.28 中 4.8 规定的营养肉汤培养液中，25～28℃振荡培养 1～2 天，观察培养液是否混浊。培养液混浊，为有细菌污染；培养液澄清，为无细菌污染。

6.3 菌丝生长速度

6.3.1 母种

PDA 培养基（见第 A.1 章），26℃±2℃培养，记录长满斜面所需天数。

6.3.2 原种和栽培种

采用第 B.1 章、第 B.2 章、第 B.3 章规定的配方之一，在 26℃±2℃培养，记录长满培养基所需天数。

6.4 母种农艺性状

将被检母种制成原种。采用第 B.1 章、第 B.2 章、第 B.3 章规定的配方之一，含水量提高至 62%±2%，制作菌棒 45 个。接种后，分 3 组进行常规管理，根据表 6 所列项目，做好栽培记录，统计检验结果。同时将该母种的出发菌株设为对照，亦做同样处理。对比二者的检验结果，以时间计的检验项目中，被检母种的任何一项时间较对照菌株推迟 5 天以上（含 5 天）者，为不合格；产量显著低于对照菌株者，为不合格；子实体外观、耳片剖面形态与对照明显不同或畸形者，为不合格。

表 6 母种栽培中农艺性状检验记录

项 目	试验结果	项 目	试验结果
母种长满管所需天数		总产（克）	
原种长满瓶所需天数		单产（克）	

（续）

项　　目	试验结果	项　　目	试验结果
母种接种至萌发所需天数		单朵耳重量（克）	
原种接种至萌发所需天数		生物学效率（%）	
栽培种接种至定殖所需天数		耳片朵型、色泽	
栽培种接种至产生耳芽所需天数		耳片直径、厚度（毫米）	
接种至收第一茬耳所需天数		耳片剖面髓层	

6.5　留样

各级菌种都应留样备查，留样的数量应每个批号菌种3～5支（瓶、袋），于4～6℃下贮存，母种和原种6个月，栽培种4个月。

7　检验规则

按质量要求进行检验。检验项目全部符合质量要求者，为合格菌种；其中任何一项不符合要求者，均为不合格菌种。

8　标签、标志、包装、运输、贮存

8.1　标签、标志

8.1.1　产品标签

每支、瓶（袋）菌种需贴有清晰注明以下要素的标签：

a）产品名称（如：黑木耳母种）；

b）品种名称（如：冀诱1号）；

c）生产单位（如：××菌种厂）；

d）接种日期（如：2001.××.××）；

e）执行标准。

8.1.2　包装标签

每箱菌种需贴有清晰注明以下要素的包装标签：

a）产品名称、品种名称；

b）厂名、厂址、联系电话；

c）出厂日期；

d）保藏期、贮存条件；

e）数量；

f）执行标准。

8.1.3　包装储运图示标志

按 GB/T 191 规定，应有以下图示标志：

a）小心轻放标志；

b）防水、防潮、防冻标志；

c）防晒、防高温标志；

d）防止倒置标志；

e）防止重压标志。

8.2　包装

8.2.1　母种外包装采用木盒或有足够强度的瓦楞纸箱，内部用棉花、碎纸等具有缓冲作用的轻质材料填满。

8.2.2　原种、栽培种外包装采用足够强度的瓦楞纸箱，每箱 20 瓶，内部用碎纸、报纸等具有缓冲作用的轻质材料填满。纸箱上部和底部用 8 厘米宽的胶带封口，并用打包带捆扎两道，箱内附产品合格证书和使用说明（包括菌种种性、培养基配方及适用范围）。

8.3　运输

8.3.1　不得与有毒物品混装。

8.3.2　气温达 30℃以上时，需用 0～20℃的冷藏车（船）运输。

8.3.3　运输中必须有防震、防晒、防雨淋、防冻、防杂菌污染的措施。

8.4　贮存

8.4.1 母种一般在4～6℃冰箱中贮存，贮存期不超过3个月。

8.4.2 原种一般在0～10℃以下冷库中贮存，贮存期不超过40天。

8.4.3 栽培种应尽快使用，14天内可在温度不超过26℃、清洁、通风干燥（相对湿度50%～70%）、避光的室内松散存放。

附录A
（规范性附录）
母种常用培养基及其配方

A.1 PDA培养基（马铃薯葡萄糖琼脂培养基）

马铃薯200克（用浸出汁），葡萄糖20克，琼脂20克，水1 000毫升，pH自然。

A.2 CPDA培养基（综合马铃薯葡萄糖琼脂培养基）

马铃薯200克（用浸出汁），葡萄糖20克，磷酸二氢钾2克，硫酸镁0.5克，水1 000毫升，pH自然。

A.3 木屑浸出汁马铃薯葡萄糖培养基

马铃薯200克（用浸出汁），阔叶树木屑50克（用浸出汁），葡萄糖20克，琼脂20克，水1 000毫升。

附录B
（规范性附录）
原种和栽培种常用培养基及其配方

B.1 木屑培养基

阔叶树木屑78%，麸皮20%，糖1%，石膏1%，含水量58%±2%。

B.2 木屑棉籽壳培养基

阔叶树木屑63%，棉籽壳15%，麸皮20%，糖1%，石膏1%，含水量58%±2%。

B.3 棉籽壳培养基

棉籽壳79%，麸皮20%，石膏1%时，含水量58%±2%。

附录2 黑 木 耳

(GB/T 6192—2008)

1 范围

本标准规定了黑木耳[拉丁学名：*Auricularia auricular* (L. ex Hook.) Underw]干制产品的要求、试验方法、检测规则、标志、标签、包装、运输和贮存。

本标准适用于经过热风、晾晒、干燥加工的黑木耳干制品。

2 规范性引用文件

下列文件中的条款通过本标准的引用而成为本标准的条款。凡是注日期的引用文件，其随后所有修改单（不包括勘误的内容）或修订版均不适用于本标准，然而，鼓励根据本标准达成协议的各方研究是否可使用这些文件的最新版本。凡是不注日期的引用文件，其最新版本适用于本标准。

GB/T 191 包装储运图示标志

GB/T 5009.3 食品中水分的测定

GB/T 5009.10 植物类食品中粗纤维的测定

GB/T 5009.11 食品中总砷及无机砷的测定

GB/T 5009.12 食品中铅的测定方法

GB/T 5009.15 食品中镉的测定方法

GB/T 5009.17 食品中总汞及有机汞的测定方法

GB/T 5009.19 食品中六六六、滴滴涕残留量的测定方法

GB 7718 预包装食品标签通则

GB/T 12532 食用菌灰分测定

GB/T 12533 食用菌杂质测定

GB/T 15672　食用菌中总糖含量的测定

GB/T 15673　食用菌中粗蛋白含量的测定

GB/T 15674　黑木耳粗脂肪含量的测定方法

定量包装商品计量监督管理办法　国家质量监督检验检疫总局令第 75 号

3　术语和定义

下列术语和定义适用于本标准

3.1　黑木耳　Auricularia auricular

隶属于担子菌亚门(Basidiomycotina)、木耳目(Auriculariales)、木耳科（Auriculariaceas）的可食用的大型真菌。

3.2　拳耳　fisted fruit body

在阴雨多湿季节，因晾晒不及时，耳片互相粘裹而形成的拳头状的黑木耳。

3.3　薄耳　thin fruit body

在高温、高湿条件下，采收不及时而形成的色泽较浅的薄片状的黑木耳。

3.4　流失耳　damaged fruit body

高温、高湿导致木耳肉质破坏、胶质溢出、失去商品价值的黑木耳。

3.5　干湿比　dry-wet ratio

黑木耳干制品与浸泡吸水并滤去余水后的湿黑木耳质量之比。

3.6　杂质　extraneous matters

除黑木耳以外的一切有机物和无机物。

4　要求

4.1　感官要求

应符合表 1 规定。

表1 感官要求

项目	要求		
	一级	二级	三级
色泽	耳正面黑褐色，有光泽，耳背面暗灰色	耳正面黑褐色，耳背面暗灰色	多为黑褐色至浅棕色
形态大小	耳片完整，不能通过直径3厘米的筛眼	耳片基本完整，不能通过直径2厘米的筛眼	耳片小或成碎片，不能通过直径1厘米的筛眼
耳片厚度（毫米）	≥1	≥0.7	—
杂质（%）	≤0.3	≤0.5	≤1
拳耳（%）	无	无	≤1
薄耳（%）	无	无	≤0.5
流失耳	无		
虫蛀耳			
霉烂耳			
气味	具有黑木耳特有的气味，无异味		

4.2 理化指标

应符合表2规定。

表2 理化要求

项目	要求		
	一级	二级	三级
干湿比	1∶1.3	1∶1.2	
水分（%）	≤14		
灰分（%）	≤6.0		
总糖（以转化糖计）（%）	≥22.0		
粗蛋白质（%）	≥7.0		
粗脂肪（%）	≥0.40		
粗纤维（%）	3.0～6.0		

4.3 卫生指标

应符合表3规定。

表3 卫生要求

项目	要求
总砷（以As计）（毫克/千克）	≤1.0
铅（以Pb计）（毫克/千克）	≤2.2
总汞（以Hg计）（毫克/千克）	≤0.2
镉（以Cd计）（毫克/千克）	≤1.0
六六六（毫克/千克）	≤0.2
滴滴涕（毫克/千克）	≤0.1

4.4 净含量

应符合《定量包装商品计量监督管理办法》的要求。

5 试验方法

5.1 感官检测

5.1.1 色泽、形态大小、气味

采用手握、耳听、鼻嗅、目测的方法进行感官检查。

5.1.2 形态大小

将被检木耳用网孔直径3厘米、2厘米和1厘米的筛网判断等级。

5.1.3 耳片厚度

用读数值0.05毫米的游标卡尺测量耳片中间的厚度。

5.1.4 杂质

按GB/T 12533规定的方法测定。

5.1.5 拳耳、薄耳、流失耳、虫蛀耳、霉烂耳

随机抽取样品500克（精确到0.1克），分别拣出拳耳、薄耳、流失耳、虫蛀耳、霉烂耳，用感量为0.1克的天平称其质

量，按式（1）分别计算样品中拳耳、薄耳、流失耳、虫蛀耳、霉烂耳的质量分数，计算结果精确到小数点后一位。

$$X = m_1 / m_2 \times 100\% \tag{1}$$

式中，

X——拳耳、薄耳、流失耳、虫蛀耳、霉烂耳的质量分数，单位为%；

m_1——拳耳、薄耳、流失耳、虫蛀耳、霉烂耳的质量，单位为克；

m_2——样品的质量，单位为克。

5.2 理化检验

5.2.1 干湿比

称取样品100.0克（精确到±0.1克），将样品放入室温下水中浸泡4小时后，取出用漏水容器滤尽余水，直到不产生水滴为止后称量，按式（2）计算干湿比，计算结果精确到小数点后一位。

$$Y = 1 : \left(\frac{m_1}{m_2}\right) \tag{2}$$

式中，

Y——样品干湿比；

m_1——样品湿重，单位为克；

m_2——样品的干重，单位为克。

5.2.2 水分的测定

按GB/T 5009.3规定的方法测定。

5.2.3 灰分的测定

按GB/T 12532规定的方法测定。

5.2.4 总糖的测定

按GB/T 15672规定的方法测定。

5.2.5 粗蛋白的测定

按GB/T 15673规定的方法测定。

5.2.6 粗脂肪的测定

按 GB/T 15674 规定的方法测定。

5.2.7 粗纤维的测定

按 GB/T 5009.10 规定的方法测定。

5.3 卫生指标的检测

5.3.1 总砷

按 GB/T 5009.11 规定的方法测定。

5.3.2 铅

按 GB/T 5009.12 规定的方法测定。

5.3.3 总汞

按 GB/T 5009.17 规定的方法测定。

5.3.4 镉

按 GB/T 5009.15 规定的方法测定。

5.3.5 六六六、滴滴涕

按 GB/T 5009.19 规定的方法测定。

6 检验规则

6.1 组批规则

同一产地、同一批次、同一等级作为一个检验批次。

6.2 抽样

6.2.1 抽样数量

在整批货物中，包装产品以同类货物的小包装袋（盒、箱等）为基数，散装产品以同类货物的质量（千克）或件数为基数，按下列整批货物件数为基数进行随机取样：

——整批货物 50 件以下，抽样基数为 2 件；

——整批货物 51～100 件，抽样基数为 4 件；

——整批货物 101～200 件，抽样基数为 5 件；

——整批货物 201 件以上，以 6 件为最低限度，每增加 50 件加抽 1 件。

小包装质量不足检验所需质量时，适当加大抽样量。

6.2.2 抽样方法

在整批货物中的不同部位抽样，每件深入耳包中心处抽取100克，把抽取的样品置于铺垫物上，充分混合后，以四分法分取需要数量样品，装入密封样品袋。

6.3 检验分类

6.3.1 交收检验

每批产品交收前，生产者应进行交收检验。交收检验内容包括感官、水分、标志和包装。检验合格后，附合格证方可交收。

6.3.2 型式试验

型式检验是对产品进行全面考核，即对本标准规定的全部要求进行检验。有下列情形之一者应进行型式检验：

a）国家质量监督机构或行业主管部门提出型式检验要求；

b）前后两次抽样检验结果差异较大；

c）因为人为或自然因素使生产环境发生较大变化。

6.4 判定规则

6.4.1 卫生指标中任何一项不符合本标准要求的，则判定该批产品不合格。其他指标如有一项不合格，允许在同批次产品中加倍抽样，对不合格项目进行复检，若仍有一项不合格，则判定该批产品为不合格。

6.4.2 在判定级别时，若各指标间所对应级别不一致，则按照舍高取低的原则，判定该产品为较低等级指标对应的等级。

6.4.3 因净含量不符合标准判为不合格时，允许经适当处理后再有复验；复验项目、检查水平和合格质量水平仍按原要求，以复验结果作为最终判定依据。

7 标志、标签

外包装标志应符合GB/T 191的规定。应标明产品名称、产品标准号、等级、质量或数量、规格、生产日期、保质期、生产企业名称、地址。

8 包装、运输和贮存

8.1 包装

8.1.1 包装材料应坚固、洁净、干燥、防湿、无破损、无异味、无毒，无害。

8.1.2 每批产品所用的包装、质量单位应一致。

8.1.3 包装检验规则：逐件称量抽取的样品，每件的净含量不应低于包装标识的净含量。

8.2 运输

8.2.1 运输时轻装、轻卸，避免机械损伤。

8.2.2 运输工具要清洁、卫生、无污染物、无杂物。

8.2.3 防日晒、防雨淋，不可裸露运输。

8.2.4 不得与有毒、有害、有异味的物品和鲜活动物混装混运，不得用有毒（害）或受污染的运输工具运载。

8.3 贮存

8.3.1 置于通风良好、阴凉干燥、清洁卫生、有防潮设备及防霉变、防虫蛀和防鼠设施的库房贮存。

8.3.2 不得与有毒、有害、有异味和易于传播霉菌、虫害的物品混合存放。

附录3 山西省农业科学院农业资源与经济研究所黑木耳重点实验室简介

实验室以国内外黑木耳前沿科学目标和山西省黑木耳产业重大需求为导向，深入探索和研发黑木耳新品种与新技术的原理及应用，建立并完善黑木耳的学科研究与技术推广体系。目前，实验室拥有人工气候箱、智能培养箱、高效液相色谱仪、原子吸收分光光度计、荧光分光光度计等黑木耳培养与检测分析仪器设备36台（套）。先后承担了“肥鳞伞的人工选育与驯化栽培”“黑木耳液体菌种制种工艺研究及应用”“黑木耳新品种及配套技术示范工程”等17项省部级科技计划项目，在黑木耳研究开发与技术推广方面取得了累累硕果，在《菌物学报》《中国黑木耳》等专业性刊物发表论文25篇，被《CAB Horticulturl Abstracts》摘录数篇，中国农业出版社出版《珍稀黑木耳黄伞无公害栽培技术》一部。通过山西省科技厅组织鉴定的科技成果6项，其中“肥鳞伞的人工选育与驯化栽培”等两项达到了国际先进水平，并获得了山西省科技进步二等奖和三等奖，国家发明专利，全国农业博览会铜质奖，山西省农业博览会银质奖等多项奖励和荣誉。

近年来，实验室根据山西省不同地区的自然气候特点、资源优势、当地市场及国内外市场供需情况等，为山西省20多家黑木耳企业进行了黑木耳不同栽培设施及不同栽培品种的可行性项目规划研究、编制和论证，同时为企业进行了产前、产中及产后的系列化技术服务、人员培训等，为黑木耳企业和菇农提供了山西省主栽黑木耳和珍稀菇15个品种的优质菌种，推动了山西省黑木耳科学技术进步和产业化水平的提高，为“兴晋富民”做出了积极贡献。

图书在版编目（CIP）数据

黑木耳高效栽培技术100问/徐全飞编著．—北京：中国农业出版社，2018.9（2019.11重印）
（精准扶贫·食用菌栽培技术系列丛书）
ISBN 978-7-109-24417-7

Ⅰ.①黑…　Ⅱ.①徐…　Ⅲ.①木耳—栽培技术—问题解答　Ⅳ.①S646.6-44

中国版本图书馆CIP数据核字（2018）第165678号

中国农业出版社出版
（北京市朝阳区麦子店街18号楼）
（邮政编码 100125）
责任编辑　黄　宇　李　蕊

中农印务有限公司印刷　　新华书店北京发行所发行
2018年9月第1版　　2019年11月北京第2次印刷

开本：850mm×1168mm　1/32　　印张：5.25　　插页：2
字数：123千字
定价：20.00元

农户在庭院中露地栽培黑木耳

段木栽培黑木耳

代料露地袋栽的黑木耳

液体菌种发酵罐

培养室内床架上培养的黑木耳菌棒

露地栽培黑木耳下地摆袋

黑木耳菌棒上覆盖草帘保持湿润

催耳结束后的黑木耳菌棒分床

玉米地栽培的黑木耳

吊袋大棚挂袋出耳

吊袋大棚采收黑木耳

黑木耳晾晒架

黑木耳晾晒棚